张琪玉索引学文集

张琪玉 著

國家圖書館出版社

图书在版编目(CIP)数据

张琪玉索引学文集/张琪玉著. —北京:国家图书馆出版社,2009.6

ISBN 978-7-5013-4052-1

Ⅰ.张… Ⅱ.张… Ⅲ.索引—理论—文集 Ⅳ.G353.21-53

中国版本图书馆 CIP 数据核字(2009)第 065399 号

书名 张琪玉索引学文集

著者 张琪玉 著

出版 国家图书馆出版社(原北京图书馆出版社)

(100034 北京市西城区文津街 7 号)

发行 010-66139745 66151313 66175620 66126153

66174391(传真) 66126156(门市部)

E-mail btsfxb@nlc.gov.cn(邮购)

Website www.nlcpress.com→投稿中心

经销 新华书店

印刷 北京联兴盛业印刷有限公司

开本 787×1092(毫米) 1/16

印张 16.5

字数 250 千字

版次 2009 年 6 月第 1 版 2009 年 6 月第 1 次印刷

书号 ISBN 978-7-5013-4052-1

定价 50.00 元

张琪玉　中国图书馆学家。1930年6月7日生于江苏南汇县(今属上海市)。1954年7月毕业于北京大学图书馆学系。曾任职于文化部社会文化事业管理局图书馆管理处、新疆维吾尔自治区图书馆、吉林市图书馆。1976年9月调至武汉大学图书馆学系,历任讲师、副教授、教授、图书情报现代技术教研室主任、图书馆学情报学研究所所长、《图书情报知识》主编等。1987年4月调至空军政治学院图书档案系(现南京政治学院上海分院军事信息管理系),任系主任、教授(1999年6月起为副军级),2001年3月退休。曾任中国图书馆学会理事、上海市图书馆学会副理事长(后为名誉理事长)、中国索引学会副理事长(后为学术顾问)、全国文献工作标准化技术委员会委员以及政协上海市委员会第七、第八届委员等,是国际知识组织学会会员。

20世纪70年代末起,开拓情报语言学新学科领域。提出情报检索语言(也称索引语言)理论研究的新方向、新范围、新方法。认为表达文献主题概念和检索课题概念的语言工具,其结构情况和编制质量以及使用方法的准确与否是影响情报检索系统效率的主要因素。主张对分类检索语言、主题检索语言和其他情报检索语言以及自然语言在情报检索中的应用问题进行统一研究,以探索它们影响检索效率的共同规律和有效的改进途径。其所开拓的情报语言学,被确认为中国学者自己建立的图书馆学新的分支学科,其学术观点对我国情报检索语言领域的理论与实践起到了积极的导向和推动作用。

有个人专著20部,主编参编的专著16部,发表论文、译文400多篇,《张琪玉文库》光盘1张。其代表作《情报检索语言》(增补修订本改名《情报语言学基础》)一书被认为是情报语言学学科建设的奠基之作;另一代表作品《张琪玉情报语言学文集》被评为中国图书馆学会第二届图书馆学情报学学术成果奖著作一等奖。

前　言

我国近代索引的出现大约只有不到一百年的历史，有关的研究习惯称为“索引法”。“索引学”这一学科名称的确立，主要源于1991年中国索引学会的成立。

本文集主要收录了作者结合中国索引学会的活动和从事《中国索引》的编辑工作所写的部分文章共83篇，内容述及索引学理论，中国索引事业历史、现状和发展趋势，索引事业组织，索引工作者职业，索引学会活动，索引功用、结构和设计，索引计算机化和标准化，索引分类，各种类型索引的特点和编制方法要点，索引标引，索引数据库、各种重要索引和数据库的评论以及各种索引有关问题的讨论等，范围广泛，内容新颖。鉴于目前索引学论著还比较少，故结集出版，以供索引学研究和索引编制工作者、图书情报和出版工作者等参考。

目　　录

关于索引学研究和索引工作开展的设想与建议

索引是开发、利用文献资源的一种重要工具

索引是对某种文献或某一文献集合中所包含的各篇文章，或所讨论的各个局部主题，或所涉及的各种事项（如地区、人物、机构、事件、生物、矿物、产品、设备、公式、数据、著作等）以简明的方式分别著录标引，即确定其检索标识和指出其所在位置，并将款目按一定的可检顺序排列和组织，以方便检索的一种工具。

“索引”一词可以是：(1)指某种书刊的一个组成部分（不管它是否作为一种独立的著作出现），摘记书刊中的知识单元或事项为条目，标明出处，并按一定次序编排，以方便查检该书刊内容的附属性资料，如各种专书、专刊索引；(2)指某种检索工具或某个检索系统的一个组成部分，以简明的方式提供与该检索工具的正文部分或检索系统的主文档部分不同的检索途径，如美国《化学文摘》的各种索引提供了与该文摘正文部分不同的多种检索途径；(3)指独立于某批书刊之外的一种简明检索工具，如各种群书索引（《十三经索引》等）、群刊索引（《全国报刊索引》等）和专题论文索引。这第三种情况很难与文献目录截然区分。

索引作为一种检索工具的特点在于：(1)它是一种高深度标引的检索工具，以文献中的一个局部内容或事项，或期刊中的一篇作为一个标引单位；(2)它以极简洁的形式（一般仅有检索标识和出处）起指引的作用，而不是对文献进行登记和报导（报刊论文索引除外）；(3)它总是提供与书刊的目次或检索工具的正文（或检索系统的主文档）部分不同的检索途径；(4)它以便于查检的顺序编排其款目。

索引的功用在于：(1)方便查检，可大大节约查阅文献的时间；(2)可增加查全或查到所需资料的可能性；(3)提供与文献正文不同的另一种甚至多种查检途径；(4)浏览索引时，可使读者发现某些他所未想到的有用资料；(5)某些书虽非工具书，有了索引，在一定程度上也可起到工具书的作用，其使用价值就可大大提高；(6)一种检索工具或工具书配备了索引，可使它的检索功能或参考功能成倍提高。甚至可以说，某些检索工具的核心是它的索引体系；(7)某些索引还有特殊功用，如引文索引、杂原子索引、化学结构索引、等同专利索引、某些古籍索引等。

所以，索引是开发、利用文献资源的一种重要工具。索引在现代人的研究、工

作、学习、生活中的作用是十分重要的。索引法就是节省时间、提高效率的一种方法。

索引的研究和编纂早已被纳入许多学科和专业的范围

目前有许多学科在研究索引。

由于报刊索引和专题论文索引绝大多数是篇目索引，也可以说是论文目录，同时，图书目录也需要配备索引，以提高其检索功能，所以，目录学总是把索引法作为自己的一个组成部分，纳入自己的学科范围。

文摘刊物在过去一直是情报传递的主要工具，而文摘刊物要充分发挥其检索作用，必须配备索引，所以，索引法成为文摘学的一个重要组成部分，现代索引中许多新类型的出现，与文摘的发展有密切联系。

索引作为一种检索手段，作为检索系统的重要组成部分，其原理、结构、性能、检索效率等都是情报检索理论的研究对象。

研究情报检索系统语言保证问题的情报语言学，其主要的应用领域就是索引编制，所以，情报语言学也必须研究索引法，从而使索引法与情报语言学难分难解。作为情报语言学主要研究对象的情报检索语言在欧美使用的名称之一，就是“索引语言”。

索引作为图书的一个组成部分，也是图书编辑学的一项研究内容。

索引作为一种重要的检索工具，又是正在形成中的“文献检索与利用”学科不可缺少的研究内容。

图书馆、情报机构、出版社以及研究和教学单位的资料室等都把编制索引作为自己的专业工作内容之一。

数据库就是信息时代的索引

用计算机检索文献，是情报、图书馆、档案工作现代化的核心。国际联机检索使人们可以在世界各地任何装有检索网络终端的地方从上亿条的文献目录数据中以一二十分钟的时间找出任何问题的资料线索，并且如果需要，还可以在两、三个星期内得到订购的原文复印件。

数以千计的各种类型的数据库是国际联机检索的支柱。

无论是文献目录数据库还是其他类型的数据库，一般都是依靠各种索引来查检的。有的数据库虽然没有索引，其实也是利用索引原理来查检使用的。可以说，没有索引法，也就没有数据库。而且，在数据库中，索引方法更是别出心裁，日新月异，其功能使人惊叹！

目前，全世界投入检索服务的数据库约5000个，至于一些单位或个人自建自用的数据库更是不计其数。从某种意义上讲，数据库就是信息时代的索引。

索引学作为一门新学科怎样认定自己的领域

尽管索引这一事物的出现已有不短的历史，索引方法和技术已有长足的进步，但索引学作为一门学科还是处于幼年时代。

关于索引的知识，过去称为索引法。“索引学”这个名词的出现时间还很短，还很少使用。到目前为止，还没有看到一部以索引学作为题名的专著。“索引学”一词甚至在词典中还找不到。从这个意义上说，索引学是一门新学科。

由上面的叙述可以看出，索引学在其出世之前，它的研究对象已被许多学科纳入自己的研究范围，索引学几乎没有其专辖的领土了。在这种情况下，索引学作为一门新学科该怎样认定自己的领域呢?

我认为，索引学既不可能把一切与索引有关的事物都归于自己的领域，也不要把自己的领域划定得太狭窄。应当承认，索引学与情报检索理论、情报语言学、目录学、文摘学、图书编辑学等学科是“你中有我、我中有你”的，无法划清界限，但索引学应当有自己的研究重点。

我认为，索引学的研究应包括索引原理、索引结构和设计、索引编制技术、文献微观标引、索引计算机化、索引法应用和索引使用法、索引评价、某些类型索引的专门研究以及索引发展史等几个方面。其中应以索引这一事物的基本原理、基本方法和基本技术作为自己的研究重点，对各种类型的索引作统一研究。有些与其他学科有交叉而且看来与其他学科关系更加紧密的部分，则不必再作为研究重点。

我们研究索引学，要放开视野，注意吸取相关学科的观点、原理和方法，为我所用。同时，索引事业在今天已不可能成为界限分明的独立事业（或许在过去也是这样），推进索引学研究和索引事业发展，需要各有关学科和专业共同努力，携手协作。我们的索引学会应当促进这种交流和协作。

索引学研究要密切结合索引实践

索引学确实只能算作一门新学科。目前，中文索引学专著仅《索引和索引法》、《古籍索引概论》、《索引的概念与方法》、《索引编制工作手册》等屈指可数的几种，就是真正研究索引法（而不是评介现有索引）的论文，数量也十分有限。

目前的情况是，索引实践走在索引学的前面，我们遇到许多很好的、新型的索引，而却未见关于它们的编制方法和性能分析的详细记载。所以，索引学的第一个任务，就是要总结索引实践来丰富、充实自己。从学科理论建设的角度去分析研究现有的索引，从中提取基本的原理、方法和技术，应是索引学研究的重要课题。

既然各种索引方法都是适应索引编制任务的需要而被创造出来的，那么，使索引学研究与索引实践密切结合，无疑是推动索引学前进的有效措施。

国外索引比较发达，索引知识已有相当多的积累，特别是在索引工作现代化方面，已远远走在我国的前面，我们应当十分重视这一点，积极吸取国外的研究成果。

索引编制工作要讲求质量和效益

效益一般是指一项工作所投入的人力、物力、财力相对于所得的效果和利益而言。索引工作效益的绝对评价是索引产品所起的社会作用，即是否满足了社会对索引的需要。如果一种索引编制出来因种种原因而很少被人使用，那就是效益很小或者没有效益。

影响索引效益的主要有选题、质量和成本3个方面的因素，具体是：

（1）选题是否符合需要。这是首要的。选题不符合社会的迫切需要、大量需要或长期需要，则索引编制质量虽高，也不可能有较大的社会效益。

（2）索引收录范围。这是指第二类和第三类索引而言。如果收录率低，其使用价值就不会高。

（3）索引标引质量。指标引深度、正确性、遗漏率、规范性、参照度等，这些都会影响索引的使用价值。

（4）索引结构或功能的完备程度。检索途径单一的索引，因其功能有限，一般来说总是效益较小的。

（5）索引时效性。如果索引不及时，就会大大影响其社会效益甚至毫无用处。

（6）索引印制质量。包括版面设计、印刷装订质量等，对使用价值也会有一定影响。

（7）重复编制，特别是重复编制低水平的索引，是很大的浪费。

（8）索引技术是否先进，会影响索引成本，同样也会影响索引工作效益。

我国四十多年来编制的索引不少，但能发挥现实作用和具有长期使用价值的索引并不很多,这说明索引工作的效益不高,这是值得我们重视的问题。

索引选题要适应时代需要

索引选题具有决定意义,因为选题是索引工作能否产生效益以及效益大小的第一个环节。

选题要从3个方面考虑:

一是社会需要方面。虽然,社会对索引的需要是多方面的,各行各业的工作、科学研究、学习、日常生活乃至文学欣赏等都需要索引,索引工作应当为多方面的社会需要服务,但这些需要总有个重要性大小的问题,有个需要量多少的问题,这是进行索引选题时必须考虑,必须进行调查研究的。总之,要根据现实需要、长期需要和社会大量需要,有计划、有比例地来确定选题,并尽量避免重复。在当前,索引选题尤应注意多为经济建设服务,多为科学技术进步服务,这是时代的需要。

二是索引对象(即文献)的价值方面。要多为使用价值大的文献编索引,不要为没有多大使用价值的文献编索引。

三是文献资源及其他条件方面。例如,一个某方面收藏不丰富的单位,要编好该方面的索引就比较困难。此外,人员素质和数量、设备、经费等,也是选题时应予以考虑的。

索引设计要改革创新、精心构思

索引的设计是影响索引功能和使用价值的重要因素,因而是决定索引工作效益的第二个重要环节。

索引设计要考虑3个方面:(1)索引结构功能方面的考虑,使一种索引能尽量满足多方面的需要;(2)索引印制质量方面的考虑,因为一种编制得好的索引还要通过印制质量来体现;(3)投入产出方面的考虑,索引成本是一个不能不考虑的因素,力求索引质量高而成本又尽可能低,这与索引设计有很大关系。

我们经常可以看到,一些设计不完善的索引很快失去其价值,被设计更完善的索引所取代,而一些设计较完善的索引,却长期具有使用价值。

例如,美国《化学文摘》的索引系统,设计得相当完善,使用十分方便,再加上它收录全、编制质量高,所以长期保持着主要检索工具的地位。

又如,《中国丛书综录》索引系统的设计也相当完善,再加上它收录全和编制质量高，所以出版近三十年来一直保持着它的使用价值。

再如，孙公望编的《唐宋名家词检索大全》，也是一部精心设计的索引，它有八种检索功能，读者几乎可以随心所欲地进行查检，其使用价值就必定会保持较长的时间。

索引设计要改革创新，精心构思。一部设计完善、编制认真的索引，其价值是决非能以多种低水平的索引相抵的。

对文献标引的研究是亟待加强的薄弱环节

要编好一部索引，一是取决于设计，二是取决于标引，此外，还有索引编排和印刷等因素。其中，标引对索引质量的影响是最直接、最具体的。然而我们对文献标引的研究恰恰很不足，是亟待加强的薄弱环节。

索引编制中的文献标引，是从文献中提取索引概念，给予检索标识的过程。决定哪些概念该提取，哪些不该提取，这是较复杂的智力工作。

从标引的一致性试验可以看出，索引标引的随意性很大，导致索引概念或提取不足，或提取过多，或提取错误，或所给予的检索标识不确切，这都会影响索引的检索效率。

某些索引具有详尽、严密的标引规则，训练有素的标引人员，保证了标引的质量。但这种标引规则随所标引文献的学科、专业不同而异，随对索引的要求不同而异，随所采用的标引方法不同而异。绝大多数学科、专业找不到一种权威性的标引规则可供参考。虽有一般性的索引编制标准，但其中对提取索引概念的规定往往过于原则和简略，对实际标引工作的帮助有限。

之所以如此，可能是因为标引规则和方法具有“只可意会、难于言传”的模糊性，很难用简单明了的方式说清楚。但这是索引研究必须突破的课题，我们应当在这方面加强研究。

索引编制计算机化是索引技术发展的大方向

可以这样说，目前在一些发达国家，纯手工编制索引的方法已基本淘汰，索引工作已普遍计算机化。市场上有各式各样编制索引的软件任凭选购，价格也很便宜，所以一般不用自编程序。

计算机在索引编制方面可以做许多工作，例如：

(1)人工摘条(编制索引条目)后,由计算机自动完成编排、制版等索引工序;

(2)人工编制一条索引条目后,由计算机自动生成多种轮排款目并排序(如保留上下文索引、挂接索引、杂原子索引等);

(3)计算机自动抽词编制各种各样的关键词索引;

(4)联机标引(如图书内容索引的编制);

(5)累积索引的编制;

(6)全文检索(这可以看做是特殊的索引);

(7)从"大索引"(数据库)中抽出部分材料编成"小索引";

(8)计算机编索引可产生书本式、卡片式、缩微式和机读式等各种索引。

用计算机编制索引的优点在于:(1)节省人力,也可节省经费;(2)快速,缩小时差;(3)编排准确;(4)可生产多种索引;(5)编制累积索引很方便;(6)可使检索计算机化,而计算机检索又可全面提高检索效率。

所以,我们现在研究索引,应站在高起点上,一定要研究和普及计算机编制索引的方法,这样才能使我国的索引事业赶上世界水平。

协调和合作是索引事业发展的倍增器

要搞好索引选题和避免重复编制以及提高索引编制质量,在索引工作中开展协调和合作是很必要的。

协调和合作的好处在于:

(1)对选题可充分论证。有些一个单位或个人难以完成的索引项目,通过协作就有可能进行。

(2)通过协调,可有计划地开展索引编制工作,避免重复编制的浪费。

(3)可共同研究索引方法和技术,对索引进行精心的设计。

(4)人力多,进展快,互相检查,互相帮助,编制质量可提高。

(5)文献资源多。

(6)投资可共同分担。

(7)有利于索引研究和人才成长。

所以,与其大家分散,由于条件的限制,只能编些低水平的索引,不如联合起来,编高水平的索引。

中国索引学会应在协调和合作方面,多做服务工作。例如,可以对各地正在进行中的索引项目进行登记和做好通报工作,对需要寻求协作的单位和个人牵线搭桥，提出具有重要意义的索引项目，组织有关单位来编制等。开展协调和合作犹如索引事业发展的倍增器，其意义是十分重大的。中国索引学会成立的宗旨之一就在于此。希望在全体会员的支持下，把这项工作开展起来。

跨进信息业去开展索引服务

索引事业在现代，其核心就是数据库生产业和检索服务业，这可以说是“正宗的”信息业。

在现今条件下，虽然书本式索引还在继续出版，但大量索引已没有印刷版，只有机读版和缩微版了。我国近几年出版物成本上涨，图书出版的种数上升而印数下降，每出版一种书出版社几乎都要求补贴了。而索引的印数必然是较少的，就更需要补贴。所以，索引公开出版的可能性已越来越小，一些社会需要很少的索引更难出版。这是个现实问题。

但这并不是说索引事业就不能发展了。问题在于，目前，国家的中心任务是集中精力搞经济建设，科学文化事业都要适应经济建设的需要，索引事业也应当把为经济建设服务摆在重要位置。目前，国家需要大力发展第三产业，而信息业又是第三产业中要重点发展的行业之一，所以，索引界应当跨进信息业去，结合经济建设的需要进行选题，适应社会主义市场经济的规律来办索引事业，积极开展索引服务工作，为经济建设服务，为科学技术进步服务，这是大有可为的。但是，如何才能转换索引工作轨道，以适应国家和社会的需要，却是目前我们还没有解决而必须去探索的问题。我们应当设法跨出这一步，跨进信息业去开展索引服务工作。

写完于1992年10月5日

原载于《江苏图书馆学报》1993年第1期

现代的索引就是数据库

索引工作现代化和现代索引的概念

索引工作现代化的实质就是索引编制和使用的计算机化。用计算机编制索引是索引技术发展的高级阶段。不但在一些信息技术发达的国家,各种索引都利用计算机编制,即使在我国,利用计算机编制索引也已相当普及,用手工编制索引已越来越少。

用计算机编制索引有两种方式:一种方式是手工编制索引稿,再输入计算机编排和生产各种索引产品;另一种方式是直接在计算机上制作索引数据和生产各种索引产品。

用计算机生产的索引产品有多种载体形式,其中以数据库(数字化索引)和印刷型索引为多见。特别是数据库,由于有许多无与伦比的优点,因而发展迅速,数量已远远超过了印刷型索引。20 世纪 80 年代以来,我国索引悄悄地、越来越多地以数据库的形式出现,这是为什么在当今信息时代,我国出版的印刷型索引反而越来越少见的原因。

现代的索引就是数据库,现代的索引工作者就是数据库建造者。

数据库与传统索引在结构与功能上的比较

数据库在功能上相当于传统索引的一个索引体系。数据库包含许多字段,一部分字段相当于文献款目的各种著录事项,另一部分字段相当于文献的各种检索标识项(如分类号、主题词、题名、著者等)。后者一般是每一字段生成一个索引,通过索引对数据库进行检索(但也可不通过索引直接对数据库的相应字段进行检索)。所以,一个含有分类号、主题词、题名、著者字段的数据库相当于分类索引、主题索引、题名索引、著者索引四套卡片式索引,或相当于一种按详细分类排列正文并附有主题、题名、著者三种索引的检索工具的功能。数据库的一个重要特点是数据的最少冗余,例如,在传统索引中,题名和著者既作为文献著录的项目又作为文献检索标识时必须重复著录,而在数据库中则无必要重复。在传统索引中,诸如出版地、出版年等是不可能作为检索标识使用的，而在数据库中，必要时也可作为可检字段提供检索（一般是作限定检索）。数据库在检索上最主要的优点是可以用多个同一种类的检索标识或不同种类的检索标识进行组配检索（多种条件的联合检索），这是传统索引难以做到的（比号索引和比孔索引除外）。此外，数据库还可用于文献计量和情报研究。

可以说，传统索引的全部检索功能，在数据库中都能实现；而数据库有许多检索功能，却是传统索引所不能实现的，数据库比之传统索引有更多的检索功能。数据库是比传统索引更为高级、更为先进的索引。

数据库推动了索引工作的现代化

数据库这种现代的索引形式，其编制和使用技术的广泛应用，推动了索引工作的现代化，具体体现在下列3个方面：

（1）在机编索引（通过建立数据库，再由数据库生产印刷型索引）方面：

①利用计算机编制索引可以一次输入、多次多种输出。即索引数据一次性输入并校对正确后，可以根据具体需要生成不同检索途径、不同范围、不同格式、不同载体和份数多少不限的各种索引产品。

②提高索引质量，诸如提高索引的标引深度，规范款目格式，减少手工编制时抄写、排序、打字或排版过程中的差错等。

③加快编制速度。由于减少了抄写、校对等工序，以及加快了排序、打字或排版、累积以及编制轮排款目等的速度，因而可大大缩短由一次文献（原始文献）到二次文献（索引产品）的时差。

④索引更新（增补）和累积（编制累积本）十分容易，这是使索引产品长期保持使用价值的一个重要条件。

⑤作为机编索引副产品的数据（或直接建立的数据库）可开展各种索引服务。

⑥可以编制各种手工难以编制或无法编制的新型索引。

（2）在自动标引方面：利用计算机可进行自动抽词和自动赋词、自动赋分类号（一种自动分类方法），使索引编制过程达到很高的自动化程度。此外，目前正在普及的全文数据库，则可免除标引工序。

（3）实现检索自动化。利用数据库进行计算机检索和网络检索，不但可千百倍地提高检索速度，而且还可使用各种各样的检索技术，大大提高检索效果。

数据库扩大了索引原理的应用

数据库的检索原理其实就是索引原理的新发展。目前数据库的类型极多，可按其性质、专业内容、语种、载体、使用技术等予以分类。按其性质，大体可分为文献数据库和非文献数据库。文献数据库又可分为文献目录数据库（包括机器可读目录、题录数据库、期刊目次数据库、文摘数据库、引文数据库等）和全文数据库；非文献数据库可分为数值数据库、事实数据库、图像数据库、多媒体数据库等。不但在图书馆、情报、档案专业领域普遍利用数据库，而且各行各业也广泛利用数据库进行管理和服务，可以说，在当今信息社会，数据库是一种最基本的管理和传播信息的工具。这从某种意义上说，是大大扩大了索引原理的应用。

数据库对索引学发展的贡献

数据库的出现大大丰富了索引学的内容，推动了索引学的发展，具体体现在下列 3 个方面：

一是推动了索引编制技术的发展，创造了许多新的索引方法，特别是自动抽词、自动赋词和赋分类号等索引编制新技术；

二是推动了检索方法的进步。自数据库出现后，创造出了适用于数据库的许多新的检索方法，如布尔逻辑检索法、加权检索法、扩检、缩检、改检方法、二次检索法、各种标识联合检索、截词检索、模糊检索、成批检索、SDI 服务、回忆检索过程、保留检索课题表达式、检索对话，等等；

三是推动了索引用语言（情报检索语言）的创新和改造，最重要的是索引语言的组配化和自然语言的应用。

当前索引事业发展的重点是数据库建设

既然现代的索引就是数据库，索引事业发展的重点就应放在数据库建设方面。虽然印刷型索引的某些种类（如书后索引）仍应大力发展，但就整体而言，印刷型索引已失去发展的有利条件，例如，出版补贴就是印刷型索引发展的一个很大的障碍。

数据库是因特网发展的重要支柱之一。随着因特网的发展，数据库建设已成为非常迫切的问题。因特网将成为整个社会信息化的一个重要因素。但是,如果没有大量数据库的支持,就好比造好了信息高速公路,但没有载着货物(信息)的车辆在上面行驶,因特网也就形同虚设,不能充分发挥其信息资源共享的通信设施的作用。我国通信设施建设发展很快,但因特网上信息资源(中文信息资源)太少,也就是说联网的中文数据库太少,是一个亟待解决的问题。对我们索引工作者来说,这是一种历史任务,也是一种严重的挑战。

推动传统索引与数据库的结合

我们强调数据库的重要性,认为索引工作的重点应放到数据库建设方面,并不意味着抛弃传统索引及其原理和方法。

传统的索引著作,有些至今仍有使用价值,可以将其转换成数据库,使其继续发挥作用甚至发挥更大的作用。

传统索引的某些原理和方法,如某些古籍索引的原理和方法,也可引进数据库,以开拓数据库的应用领域。

参考文献

[1]张琪玉. 关于索引学研究和索引工作开展的设想与建议. 江苏图书馆学报,1993(1)

[2]张琪玉. 推广文献索引计算机编制法是促进我国索引事业发展的一项重要措施. 图书与情报,1996(2)

写完于2001年5月8日

原载于《图书馆杂志》2001年第1期

告别手工索引时代

——一名中国索引学会会员的思考

我们即将与20世纪告别。此时此刻，作为中国索引学会的会员，我们也应该与手工索引时代一起告别了。

我在这里所说的与手工索引时代告别，是指与手工编制索引的模式告别，不是指与书本式索引告别。单独出版的书本式索引数量将会越来越少。但是，书后索引和期刊年度索引等这类索引，只要印刷型书刊还继续出版，其数量可能还会增加。

我们应该热情地去迎接索引的新时代——索引工作计算机化时代，或者说，数据库时代。这种说法也许不很确切，因为索引工作计算机化时代在一些发达国家早已到来，机编索引和数据库技术在我国也早已应用。所以，我在这里所要表达的意思只是：我们应该走出在手工索引时代所形成的那种思维定式，抛弃手工编制索引的模式，热情地去迎接索引工作全面计算机化的时代，把索引工作的重点转移到发展数据库上来。这次年会，大家送来的文章，绝大部分也是围绕索引现代化这个主题的，可以说，这是文章作者们的共识。

但就中国索引学会大多数成员来说，熟悉手工编制索引的模式及其索引产品，其中有些曾在索引工作中作出过贡献，然而不熟悉、未掌握机编索引和数据库技术，在当代索引事业新环境、新形势下，感到可施展自己才能的范围越来越窄小，很难有新的作为。在这种情况下，中国索引学会的发展自然也步履维艰，无力在当代索引事业中生气勃勃地为社会作出更多的贡献。

为了扭转我们学会的这种被动局面，我提出如下建议：

关键的关键是要从认识上来个转变，要使学会每个成员都意识到手工编制索引时代的生产方式和那个时代的索引产品形式已不适应当前社会的需要。索引学会这个名称已有些缺乏时代感，虽然不大可能也不一定需要改为数据库学会或索引与数据库学会（而且一些国家的同类团体也仍然沿用着索引家协会的名称），但我们全体会员都应当有这样一个认识：现代化的索引就是数据库，一个数据库实际上就是建立在计算机技术基础上的一个索引体系；机编索引技术（或者说数据库技术）远比手工索引技术先进，即使要生产书本式索引，利用计算机编制方式也远比手工编制方式优越;数据库或机编索引产品的检索功能远比手编索引多而且有许多功能是手编索引所不具备的;手工编制索引时代的那些简单的题录式索引产品已不再能满足现代社会的需要。所以,手工编制索引的模式无论从劳动效率上还是从劳动效果上都已与当今时代不相适应。如果有了这样的认识基础,大家就会感到对索引工作计算机化也即数据库技术进行深入了解、学习和研究的迫切需要,就会认识到当代的索引工作者应该是数据库建设者。

所以,中国索引学会如果要在中国索引事业中有较大作为,作出较大贡献,首先必须用索引工作现代化的理论和技术来武装每一名会员,培养、造就一支现代索引家队伍。

要通过各种方式传播有关机编索引和数据库的知识。要争取具有这些知识但目前并不是会员的专业人员来参加索引学会的活动。我们不可否认的一个事实是:在具有机编索引和数据库技术的人员中,目前已参加索引学会者为数不多。我们学会实际上还游离在数据库产业之外,正像目录学游离在现代目录活动——新兴的科技文献检索工具和数据库的编制活动之外一样。从学会成立8年来所遇到的困难看,今后应把学会活动的重点放在普及现代索引理论和技术方面,使我们学会的基础——会员的知识结构有所改观,这实属必要(当然更应积极吸收数据库工作者参加学会)。这可能是学会的精力最优的投入方案,可能是我们学会在为中国索引事业作贡献中近年最需要做的工作。如果我们学会会员的认识和能力适应现代索引事业的需要,学会今后就一定能对社会作出更多、更大的贡献。

索引学会可以制订一项计划,包括编制一份普及索引工作计算机化知识和推广数据库技术的教学大纲,研制或征集若干索引和数据库的专用软件,作为举办培训班或供自学的基本材料。

希望绝大多数的会员都来学习机编索引和数据库技术。其初步,是掌握利用现成的软件或简单的计算机语言来编制数据库。其实,要入门并不很难,即使年纪大、理科知识不多者也是可以较快掌握的,不必畏惧。而一旦有了初步知识,就可参与数据库的建库工作了。在实践中培养了兴趣,还可以再逐步深入,去探索这方面更多的奥妙。应当指出,这些基本知识,是每个现代索引工作者所必备的共同语言,没有这种共同语言,就无法进行专业交流。

必须再指出一点,就是仅掌握使用计算机建数据库或编索引的知识是不够的,还应了解一些情报检索语言(即索引语言)的理论和方法,才能充分发挥机编索引和数据库技术的作用,在工作中有所创造,编制出更优秀的、新颖的、高质量的数据库和其他索引产品。

建议大家将一些有关机编索引和数据库的比较简单的应用程序全文发表。实在说,这样的应用程序还不够作为一项知识产权来对其详情保密,既然写文章希望通过刊物来传播,就不妨和盘托出,其传播效果一定会更好些。现在一些介绍有关机编索引和数据库的经验或研究文章,绝大多数没有公布具体的计算机程序。这类文章对于一些专家,固然一看就能明白;但是对于大多数索引工作者,还是只能知其然而不知其所以然,可知而不可用的(只能知道某人在工作或研究中搞成了什么或有了什么改进,而不能"依样画葫芦"用于自己的工作),因而产生不了多大的社会效益。

建议中国索引学会充分利用已建立的互联网网站(网址为:http://www.yp.online.sh.cn/suoyin/sy-sy.htm),使它成为宣传推广索引工作计算机化的一个窗口和有力工具。在网站上可以提供教学材料和索引软件,发表、转载或报道研究论文,报道索引和数据库领域的消息动态,提供会员或非会员编制的可供共享的数据库和索引著作,报道正在编制中的数据库和索引,以及为会员们进行牵线搭桥,等等。

下一个世纪的最初一二十年,我国的数据库事业必然会有大发展,我国的索引工作必将全面地实现计算机化,因为这是国家经济和科学、文化发展的需要。让我们与手工索引时代告别,热情地去迎接索引事业新时代的到来。

写完于1999年8月20日

原载于《情报资料工作》2000年第1期

20 世纪 20—30 年代我国的索引运动:回顾与启示

1　索引运动的实质和特点

“索引运动”一词是万国鼎于 1928 年在《图书馆学季刊》2 卷 3 期上发表的《索引与序列》一文中首次使用的。他使用该词是对当时我国索引事业日益为学术界和图书馆界所重视的发展形势感到欣喜,概括道:“盖中国索引运动,已在萌芽矣。他日成绩,惟视吾人如何努力耳。”

我国索引,萌芽于古代。三国魏建安年间刘劭编纂的类书《皇览》就具有索引功能。最早的严格意义上的索引,是产生于明代的《洪武正韵玉键》和《两汉书姓名韵》。以后继续有所发展。清代时索引的品种和数量已比较多。在编纂索引的长期实践中,我国逐渐形成了自己的索引方法。特别是清代史学家、目录学家章学诚(1738—1801),他总结了自己的索引实践和我国自古以来的各种索引思想,在其《校雠通义》等书中明确地提出了一系列极为重要的索引理论和索引方法。但在章学诚逝世后的百年间,因清朝政治腐败,文化凋零,索引事业从上升走向中落。

20 世纪初,西方近代索引技术传入我国。20—30 年代,是我国索引事业完成从古代索引向近代索引过渡的阶段。其中,20 年代尤为重要。

20—30 年代促进我国索引事业完成从古代索引向近代索引过渡的动力,是由大批著名学者和图书馆界先驱人物参加的广泛的索引宣传运动,唤起了学术界和图书馆界的觉醒。

这场“索引运动”,就其主要精神而言,是大力提倡科学的读书方法,探寻提高学习与科研效率的有效途径。而索引被认为正是达到这一目的的重要工具。因此呼吁重视索引,大力开展索引的编纂和对索引的研究。这场“索引运动”是在“五四”运动后提倡科学、提倡新文化的思潮下许多知识分子痛感陈腐落后的治学方法束缚着科学文化的发展,纷纷要求改革、要求进步而掀起的。

参加这场索引宣传运动的著名学者有林语堂、胡适、梁启超、陈垣、顾颉刚、刘复、何炳松等。

参加这场索引宣传运动的图书馆界先驱人物有杜定友、万国鼎、刘国钧、金敏甫、陈普炎、钱亚新、毛坤、洪业、沈祖荣、李小缘、张风、李文裿等。

关于这场宣传运动中著名学者和图书馆界先驱人物宣传索引的言论，请参看黄恩祝先生《应用索引学》一书“索引的宣传运动”一小节。

2 索引运动的成果

我国20—30年代的“索引运动”，产生的成果如下：

2.1 引进了国外的索引法，丰富了我国索引品种

1902、1911、1916年在上海出版了3种中文圣经索引。这批索引由外国传教士编辑或编译，是引进国外新的索引法的开始。

20—30年代，我国索引种类增加很多，而且有些索引很特别，如兼有索引与辞典功能的圣经字词索引、带有超链接性质的页边索引（“串珠”，串珠索引技术在蔡廷干编的索引《老解老》中又有所发展）、逐字轮排索引、逐词索引（“堪靠灯”）、字词句索引、群书句子索引、石刻题跋索引、标题索引、人名索引、室名别号索引、著者索引、类书索引、丛书子目索引、期刊论文索引、报纸索引、索引期刊，等等。

1917年林语堂在《科学》第三卷第十期发表的《创设汉字制议》一文中，首先引进了日文汉字“索引”这个词。这个词原是日本人从英文“Index”翻译的。

2.2 编制了大批索引

索引宣传运动极大地激发了全国各方面编制索引的热情，编制出了大批索引。参与编制索引的力量可以分为三方面：

（1）个人编纂活动。编出索引约30种。参与编制索引的有蔡廷干、王重民、陈乃乾、舒新城、钱亚新、施廷镛、郑振铎、曹祖彬、金步瀛、陈德芸、杨殿珣等，其中许多是著名学者和图书馆界先驱人物。

（2）集体编纂活动。如杜定友、钱亚新等编的《上海时报索引》，金陵大学图书馆编的《农业论文索引》，中山大学教育研究所编的《教育论文索引》，王庸、茅乃文编的《中国地学论文索引》，王重民、杨殿珣编的《清代文集篇目分类索引》，章锡琛等编的《二十五史人名索引》。叶圣陶动员全家并联合他的朋友历时一年半，编纂完成《十三经索引》，其事迹成为佳话。

（3）团体编纂活动。除哈佛燕京学社引得编纂处外，还有许多高等学校图书馆、学术机构、国家图书馆、公共图书馆、出版社、报社等团体单位编纂索引。团体编纂活动，因有比较固定的组织、经费与人员，规模较大，选题广泛，编纂方法较系

统、细致和深入,延续出版时间较长,因此对我国学术界的影响也比较深远,处于主要地位。

2.3 开展了广泛的索引法研究

欧美、日本的索引法对我国索引编纂无疑具有很大的促进作用,但外国的经验不能机械地照搬,因为我国有两点特殊,一是我国书籍文献有其自身特点,二是汉字是方块字,不是拼音文字,这就给索引的排检带来很多麻烦。如何制订适合中国典籍和汉字特点的索引法,就成了学术界热烈讨论的问题。

汉字排检法是首当其冲需要解决的问题,这就引起了汉字排检法的大发明与大争论。据蒋一前1931年统计,当时共有72种新的汉字排检法出现,论文达180余篇。林语堂、刘复、袁同礼、杜定友、万国鼎、钱亚新等,都对汉字排检法的研究作出过贡献。

关于索引法研究,除汉字排检法研究外,可分为下列几个方面:

(1)每个索引新品种的出现,都可以说是索引法研究的成果。

(2)关于发展索引事业的每个倡议也都是在索引研究的基础上作出的,这些倡议除下面2.4节提到的以外,还有何炳松的《拟编中国旧籍索引例议》、李文裿的《编辑期刊中论文索引之意见》等。

(3)发表于期刊报纸上的索引研究论文。据钱亚新1937年在《中国索引论著汇编初稿》所载不下50篇。

(4)本文2.5节提到的两种索引专著。

(5)何多源、沈祖荣、钱亚新、李尚友、吕绍虞、吾愚、金敏甫、程长源等对标题法的研究和标题表的编制与翻译。

2.4 建立了我国最早的索引学术组织和索引编纂机构

1925年4月中华图书馆协会在上海成立,该会下设分类、编目、索引、出版、教育5个小组,以后又改组成图书馆行政组、编纂组、图书馆教育组、图书馆建筑组、分类编目组和索引检字组。索引检字组的主席为沈祖荣,书记为万国鼎。后又成立索引委员会。这是我国最早的索引学术组织。

1928年该协会在第一次年会会务研究的执行部报告中,将索引及检字列为第一项。在第三次会务研究中,刘国钧提议调查善本,编辑索引,他说:“就目前情况而论,以编辑杂志索引及古书索引,为最合需要。”会议还通过了有关编纂索引的下述提案:(1)万国鼎、李小缘的《通知书业于新出版图书统一标页数法及附加索引案》;(2)金陵大学图书馆的《编纂古书索引案》;(3)李小缘、白锡瑞的《编制中文杂志索引案》;(4)李小缘的《中华图书馆协会应设法编制杂志总索引》提案。

据该会第五年度报告称,该会成立索引委员会之后,定有如下三项计划:(1)编辑中国索引条例,着重提出此条例为索引工作者的根本任务,并向各界征集关于索引条例的论著;(2)以编辑《九通索引》、《四书字汇及索引》为该会实际工作的第一步;(3)广为宣传索引的效用,以促进索引事业。

中华图书馆协会的刊物是索引运动的重要宣传阵地之一。对索引的编纂起过组织和促进作用。

1930 年秋哈佛燕京学社引得编纂处在北京成立,由燕京大学历史学教授洪业任主任。该引得编纂处从 1931 年到 1950 年的十几年(其中有四年多因燕大被日寇封锁而中断)间,共计出版中国古籍索引及期刊论文篇目索引 64 种 81 册,对我国索引事业曾作出重要贡献。

当时的索引编纂机构还有金陵大学索引合作社等。

2.5 首次出版了索引专著和开设了索引课程

1930 年,钱亚新的《索引与索引法》问世。这是我国第一部索引专著。该书吸取国外的索引理论,并结合中国文献的实际,较全面地论述了书籍、杂志和报纸的索引。

1932 年,洪业的《引得说》问世。这是我国第二部索引专著。该书重点论述索引的意义与中国古籍索引的编纂。其中关于索引编纂工作十大环节的论述,融科学性、理论性、实践性于一炉,精密周详,有重要参考价值。

1928 年秋,万国鼎开始讲授《索引与序列》课程。这在我国尚属首次。

3 索引运动给我们的启示

20 世纪 20—30 年代我国索引事业与以往相比,可以称得上蓬勃发展。“索引运动”使我国索引事业完成了从古代索引向近代索引的过渡。

这次“索引运动”得以成功,除了图书馆界先驱人物的努力外,更重要的是有大批极有声望的著名学者积极参与宣传,乃至亲自参加索引编纂。

20 世纪 20—30 年代的“索引运动”,就其主要精神而言,是大力提倡科学的读书方法,探寻提高学习与科研效率的有效途径。而索引被认为正是达到这一目的的重要工具。因此呼吁重视索引,大力开展索引的编纂和对索引的研究。这是与进步知识分子提倡科学、提倡新文化的思潮，痛感陈腐落后的治学方法束缚科学文化的发展，迫切要求改革分不开的。

20 世纪 20—30 年代的“索引运动”对我们的启示是：

(1)今天，我国的教育科学文化事业虽已有了很大发展，索引(特别是文献数据库)事业也已有了很大发展，已今非昔比，但与世界发达国家相比，我国的索引事业仍处于不发达状态，因此仍需要大力宣传索引的功用，普及索引知识，使索引与数据库走向社会，走向大众，走向生活。

(2)我国在图书索引(书后索引)方面，可以说仍停留在 80 年前的落后水平，与我国当前巨大规模的出版事业相比，极不相称，亟待促进。期刊索引(期索引、年索引和多年累积索引)也相当落后，也是需要促进的对象。

(3)我国当前仍有大量信息资源有待开发，报纸索引、地方文献索引、年鉴索引等应大力发展。

(4)因特网已经走进我们的生活，但网络信息检索工具目前还很不理想，索引工作者应积极参与网络资源的开发。

(5)没有大批掌握索引理论、方法与技术的索引工作人员，索引工作是难以开展的。我国目前数十个信息管理教学单位中开设索引学课程者极少。索引人员的培养，是需要关注的一个方面。

(6)既然要使索引走向社会、走向大众、走向生活，索引技术在文献检索领域以外的应用，也应受到关注。

参考文献

[1]黄恩祝. 应用索引学. 上海书店出版社，1993.12：291

[2]潘树广. 古籍索引概论. 书目文献出版社，1984.6：253

[3]潘树广. 二十世纪的索引编纂与研究(代序)//卢正言. 中国索引综录. 上海辞书出版社，2000.7：398

[4]侯汉清、黄恩祝. 索引//中国大百科全书(图书馆学 情报学 档案学)，1993.1：679，408－409

写完于 2004 年 5 月 30 日

原载于《中国索引》2004 年第 3 期(署名：余晖)

中国索引事业：当前格局与问题

1 我国索引事业的新格局逐渐明朗

随着因特网在我国的飞速发展，文献数据库的纷纷上网，特别是几个力量雄厚的索引公司的崛起，我国索引事业的新格局已悄悄出现，传统索引、文献数据库与网络信息检索工具三分天下的局面在最近几年初步形成。

图书索引是一大独立类型，本来也应占一分天下，但目前还没有形成气候。

传统索引从业人员，文献数据库从业人员和网络信息检索工具从业人员之间彼此还很陌生，许多人还没有意识到其实大家都是属于知识和信息检索服务这个行业（或者说索引事业）大家庭的成员，故彼此“认亲”、互相“磨合”还需要有一个过程。

2 网络信息检索工具是新颖的索引

因特网是一项建立在高科技基础上的全球性信息资源共享的通信设施。它采取完全开放的原则，全世界任何机构和个人都可以在该网络上发布任何信息，也可以在该网络上获取任何信息（虽然有部分信息是收费的，但大部分信息可免费获取）。因特网上的信息资源犹如汪洋大海，数量极其庞大，并且极为分散和无序，这就会形成网络信息交流传递的阻塞。要在因特网上寻获针对特定需要的信息资源，如果不借助于网络信息检索工具的话，则其难度无异于海底捞针，上网成功率极低。正是在这种情况下，网络信息检索服务便应运而生，为网络用户提供网络信息检索工具是网络信息检索服务的基本形式。目前，绝大部分网络用户都是通过网络信息检索工具来获取针对自己需要的网络信息资源的。

网络信息检索工具从其结构原理可分为两大类型：(1)关键词检索型网络信息检索工具，它是真正的搜索引擎，使用网络机器人一类软件自动搜索网页，建立文本型索引数据库，提供从关键词检索网页的功能；(2)分类浏览检索型网络信息检索工具，它实际上是按照某种主题分类体系进行组织的分类检索工具，提供分类浏览检索网站的功能。这两种类型检索工具实际上都是网络资源索引。

目前，网络信息检索工具的检索效率（特别是检准率）还比较低，提高其检索效率是当务之急。在开发网络资源方面，传统索引专业人员目前还很少介入，其实是大有用武之地的。上海图书馆馆长吴建中博士指出："图书馆员需要互联网，互联网更需要图书馆员。"目前，这是传统索引专业人员应特别关注和投入开发的一个领域（特别在建立各学科、专业的网络资源导航系统和编制精选的网络资源索引数据库方面）。

3 纷纷上网的文献数据库正在占据索引事业的主要地位

文献数据库是索引事业现代化的标志和成果，从其收录规模和检索功能看，已远远超过传统索引而成为我国索引事业的主要部分。

从上世纪80年代开始，我国一些检索刊物纷纷出版光盘版，90年代又纷纷将光盘版发展为网络数据库，并大力建设全文数据库上网服务。特别是近十年左右，全文数据库的飞速发展，一些营利性数据公司（索引公司）的崛起，加快了上网文献数据库的发展。

我国赢利性数据公司数量虽然不多，主要有万方数据有限公司、重庆维普咨询公司、清华同方数据公司、中国人民大学复印报刊资料社、上海图书馆等几家，但它们都已达到相当规模。

以清华同方的《中国知识资源总库》（CNKI）建设工程为例，据2004年11月的报道，该网络工程所汇集的上网国内数据库约有1100个，其包含的文献信息总量已达6300万条（含部分国外文献库信息）。该网络工程包含的重要文献数据库有《中国学术期刊全文数据库》、《中国重要报纸全文数据库》、《中国重要会议论文全文数据库》和《中国优秀博硕士学位论文全文数据库》等重要资源。

万方数据库集中了12类123个数据库，其中《专利文献数据库》包含130多万条专利信息，《国家法律法规全文数据库》包含1949年建国以来的法律法规约10万篇，《中国企业、公司及产品数据库》包含16万家企业的信息。

许多专业文献数据库除利用CNKI等网站推出服务外，近些年也随着本单位网站的建立而上网服务（往往是免费的，参看《中国索引》2003（2）：45－46）。

4 传统索引已部分被网上文献数据库取代，但仍有不少发展空间

在这里，传统索引是指除图书索引（专著索引、书后索引）以外的各种印刷型索引（在当前也采用小型数据库形式），由图书馆、情报机构、资料室或个人（作为

著作活动)进行编制。

传统索引以专题索引和检索刊物为主,大部分属于参考咨询工具和文献报道工具。在网上文献数据库服务已经相当普遍的情况下,那些订购较多种网上文献数据库供检索使用的图书馆和情报部门,已能满足读者对检索的大部分需求,自编传统索引的必要性已大大减少。可以说,网上文献数据库在很大程度上已可取代传统索引工作。

但是,传统索引工作中的一些极具个性化的索引品种,网上文献数据库仍是取代不了的。例如:①某些要求高度学术水平的专题索引;②地方文献索引;③收录文献必须进行严格选择的索引,收录文献类型必须全面的索引,收录文献必须进行特殊标引和编排的索引;④特殊收藏的索引;⑤针对个别专家的特殊需要的索引;⑥某些进行通报服务和宣传推荐的索引;⑦反映本单位成果(本单位文献)的索引;⑧个人著述目录索引等。

由此可见,传统索引从数量上说可能有一大部分可以被网上数据库所取代,但许多极具个性化的品种是不可能被网上文献数据库所取代的,所以它将永远存在,仍有不少发展空间。传统索引也将越来越多地采取数据库形式,编成之后,可以上网供共享。

另外,某些必须专门编制的索引,其需要收录的文献可能大部分已被网上文献数据库收录,是重复的,只要通过对网上文献数据库进行检索,下载检索结果作为其基础,再进行补充和加工整理就成,可大大节约编制工作所需的人力和时间。所以,网上文献数据库有助于编制某些类型的传统索引。

在网上文献数据库的基础上进行索引数据的再加工(深度加工),编制各种派生数据库和符合特殊需要的高质量索引,可能是索引工作的新内容。

总而言之,网上文献数据库与传统索引这两大部分是互补的,缺一不可。两大部分应并驾齐驱。

5 自然语言完全取代索引语言的神话不可能实现

索引语言(即情报检索语言,也常用“人工语言”一词表达,具体如分类表、词表等)除用于图书情报机构组织其收藏文献和目录(或目录数据库)外,主要用于各种要求高质量的特别是连续性的检索情报源的大型索引和数据库产品。在直接检索事实情报的索引(即图书索引、专著索引、书后索引)以及收录规模不大的索引中,是不使用索引语言的。虽然索引语言非常重要,但传统索引人员中关注它的并不很多。

从事网络信息检索工具编制的人员，由于关键词检索型网络信息检索工具使用自然语言检索，不使用索引语言标引网络信息；而分类浏览检索型网络信息检索工具所使用的虽然也是一种索引语言，但其相当简陋，所以，他们也不大了解索引语言。近些年，正是这些网络信息检索工具的编制人员和关注网络信息检索工具的人员，在他们发表的言论中，一再提出“索引语言不适合组织网络信息的需要”，“自然语言取代人工语言（即索引语言）是大势所趋，人工语言将会消亡”等观点，影响了人们对索引语言的认识和进一步研究。

其实，关于自然语言检索的研究已有半个世纪，但至今仍停留在检索效率较低的关键词检索阶段。当今搜索引擎关键词检索处于效率低下但又必须使用的无可奈何境地，正是利用自然语言自动化建立索引数据库所造成的。一方面，高速的自动化建库方法似乎是必然的选择，另一方面，这种数据库只能提供检索效率低下的关键词检索途径。“令您苦恼的是，即使使用这些检索工具，您往往得到的是成千上万条似是而非的网站名称，面对它们您不得不承认‘因特网信息检索定律’：在因特网上您总能找到（甚至只能找到）不需要的东西”。这段话是美国流传的一则幽默，十分风趣，很值得我们寻味。

搜索引擎所提供的信息，与上网文献数据库所提供的信息，虽然都可认为是网络信息，但并不能说明搜索引擎使用自然语言，上网文献数据库也必须使用自然语言。这是两种处理对象，绝对不能混为一谈。

事实上，即使在当今，人工语言在网络信息检索中仍担任着重要角色，至少是与自然语言平分秋色，那就是提供着绝大部分学术信息的文献数据库，都是使用人工语言组织的（至少是人工语言与自然语言并用，以人工语言为主），不使用人工语言来组织那些文献数据库，其质量是不堪想象的。要是自然语言能取代人工语言，那么，人工语言岂非在一夜之间就会被不需要任何标引的自然语言所取代？

我的观点是：自然语言检索必然要继续向前发展。网络检索不能唯一地使用自然语言。自然语言的前途仍然要走向控制、规范，当然，控制的方法会与过去人工语言所采用的方法有所不同。

人工语言和自然语言都起着不可取代的作用，因而对两者的研究不可偏废。这两方面的研究，应朝着并且必然会朝着从两者的初步结合到完全融合，即情报检索语言的自然语言化、自然语言的情报检索语言化的目标前进。

6 索引需要创新

索引创新是索引学研究的核心和根本目的。索引创新包含下列诸方面：

(1)索引项的创新。索引项这一概念,是指文献中被索引对象的类称。所谓索引项的创新,是指发现新的索引项。索引项的每一次创新,都是对文献资源中未被利用的信息成分的一种发掘,其结果是创造一种新的索引品种乃至索引类型。有些索引项的发掘具有重大意义,可以说是索引领域的一项发现或发明。例如,文献之间引证关系被发现可作为一种索引项,导致了引文索引的产生。如果我们浏览一下《中国索引综录》,就可发现,许多索引项是我们所意想不到的,当然,那已经是过去的创新了。可以肯定,还有许多的索引项有待索引工作者去发掘。

(2)索引方法的创新。索引方法(包括标引方法)的创新,大方向是索引工作的计算机化,具体的方法则层出不穷。以自动抽词和自动分类标引方法为例,其创新就无止境。检索新技术也在不断出现,这也可以划归索引方法的创新一类。

(3)索引形式的创新。索引形式从手稿型、印刷型、缩微型到机读型,机读型又从磁带型、软盘型到光盘型,目前又出现存贮于服务器的网络型等。每一步发展,都是一种创新。当然,随着信息技术的发展,这种创新也会继续不断。

(4)索引选题的创新。索引选题十分广泛,每一种人们对索引的新需要的发现,编制新的索引填补了索引领域的一个空白,都可以认为是索引选题的一种创新。万事万物,皆可索引,皆可进行索引服务。与科研、教学、管理、人们的学习和社会生活的各个方面的密切联系,是索引选题创新的源泉。索引选题的创新,是索引创新的主要内容。

(5)索引应用的创新。索引的功用虽然主要是帮助人们方便、有效、充分地利用文献资源,但并不仅限于此。过去,索引曾用于指导阅读、用于历史研究等。近年,发现索引的一个新应用是文献计量和情报研究。现代的索引——数据库则广泛应用于各行各业,成为管理各项工作的有力工具。索引应用的创新是促进索引事业发展的动力。

(6)索引学的创新。索引学的创新对于推动索引的创新和索引事业的发展有重要意义。索引学创新的一项重要内容是认识了现代的索引就是数据库,从而扩展和更新传统索引的范围和内容,促进索引和索引事业的现代化。

7 索引知识亟待普及,索引专业队伍亟须壮大

我国索引知识的普及程度非常低。举例来说,①我国出版事业已相当发达,每年出版的图书达十多万种,但附有索引的图书却只有3%左右(不包括工具书)。图书索引的稀少与图书编辑人员对索引重要性的认识不足有关。②期刊年度索引

半个世纪以来都是采用栏目分类法,主题索引和真正的分类索引非常罕见。而栏目索引是检索功能极低的索引,但大家都熟视无睹,甚至图书情报专业人员也认为这很正常。③索引研究文献不但很少,而且大多研究深度不够,所用术语也很混乱,外行话很多。④国外许多产品说明书都有索引,我国连大多数地图都没有索引,可见国外索引知识的普及程度,我们实在有很大差距。

要使我国索引事业发达起来,索引知识的普及无疑是重要条件之一。

我们也需要逐渐扩大从事索引工作的职业队伍。国外,大多索引工作者是自由职业者,我国几乎没有这种索引工作职业队伍,所以作者和出版社也无法将编制索引的工作承包给职业索引家去做。

8 关于中国索引学会

中国索引学会的成员主要是图书情报专业工作者,从事出版工作、数据库工作和网络信息检索工具工作的人员极少,所以,学会在学术活动上的能力有限。前面已经说明,我国索引事业的格局近年已成三足鼎立形势,如果不及时扩大会员范围,改变学会成分,恐怕就会失去发展的机会。

中国索引学会最好集中力量做一两件大事,要做就做好。如在全国范围内推进专著索引(书后索引)的编制,或普及期刊年度索引的编制。

参考文献

[1]互联网出版合作中心.《中国知识资源总库》迅速汇集国内外资源. CNKI 简报,2004(2)

[2]吴建中. 图书馆员需要互联网　互联网更需要图书馆员——在中文元数据应用国际研讨会上的总结发言. 图书馆杂志,2001(6)

[3]张琪玉. 告别手工索引时代——一名中国索引学会会员的思考. 情报资料工作,2000(1)

[4]张琪玉. 网络信息检索工具发展的方向与提供竞争力的途径(研究报告). 深圳巨灵信息技术研究所,2001

[5]张琪玉. 网络信息检索工具增强关键词检索功能的措施. 图书馆杂志,2001(1)

[6]张琪玉. 关于自然语言检索问题. 图书馆论坛,2004(6)

[7]张琪玉. 索引的创新. 图书馆理论与实践,2002(4)

[8]周柏康. 对书后索引现状的一次调查. 中国索引,2004(4)

写完于 2005 年 8 月 12 日

原载于《2005 年中国索引学会年会暨学术研讨会论文集》(2005 年 10 月)

索引：面向21世纪

我们学会21世纪的第一次年会暨学术讨论会，选定“索引：面向21世纪”作为会议的总主题，是很恰当的。我们需要在21世纪开始的时候，讨论学会前进的方向。

“索引：面向21世纪”，这只是一种简化的表达，其完整的表达应是：“索引与数据库：面向21世纪”。数据库是索引的一种形态，其实质还是索引。所以，用简化的表达也完全可以。我在以下提到“索引”时，实际都是指“索引和数据库”，这一点是必须首先作说明的。

“索引：面向21世纪”是一句口号，它要求我们面向21世纪的环境，探索满足社会新的需要的途径，开拓创新，与时俱进，积极地发挥索引应有的作用。

党的“十六大”制定了我国发展的新的蓝图，我国将在2020年实现全面小康，并继而向中等发达的社会前进。可以预见，我国的科技、文化、教育、社会和人民生活都将会有很大的进步。索引作为科技、文化、教育、社会和人民生活中普遍使用的工具，索引事业在21世纪应当相应地出现一个繁荣的局面。

索引如何面向21世纪，我们可以从下列3个方面来讨论。

1　我国索引事业如何面向21世纪

索引事业的繁荣，应当表现为索引产品（检索工具）大大丰富，在科技、文化、教育、管理和日常生活中的应用非常普及。

目前，我国索引的普及程度与国外相比，差距相当大。应当在21世纪大大缩小这种差距。

索引事业繁荣的标志是：

（1）索引的数量大幅度增加。比方说，能够达到20%以上的专著具备专著索引（书后索引）。80%以上的学术期刊具备主题和著者两种年度索引，等等。

我们不但需要大幅度增加文献索引的数量，而且也需要大大增加各种非文献索引的数量。

（2）索引的覆盖面大幅度扩大。包括：

①索引的学科覆盖面的扩大：尽量使绝大多数学科都有相应需要的索引。

②索引的文献类型覆盖面的扩大：尽量使所有主要的文献类型都有相应的索引。

③索引的文献语种覆盖面的扩大：除中文文献外，少数民族文献的索引也应有所发展。此外，也应为我国进口的外文期刊编制简单的索引，如题内关键词索引。

(3)索引类型和检索途径的多样化。

(4)索引的数据库化。

(5)索引的标准化。包括索引编制规则和数据库字段的标准化。

(6)索引的质量大幅度提高。尤其要提高标引质量。加强索引评论以及开展优秀索引的评选奖励是促使索引质量提高的一种有效措施。

(7)索引服务的网络化。索引的编制相当分散，为了使所编制出来的索引能充分发挥作用，建立索引服务网络是必要的。

(8)索引产品生产(索引和数据库的编制发行)的企业化。索引事业的主要部分只有融入市场经济体制，才会有顺利发展的环境。

2 我国索引学研究如何面向21世纪

索引学学科建设是索引学研究的重要任务。索引的产生和发展以及索引学术研究，虽然已有较长的历史，但从现有文献积累看，索引学理论基础目前还是极为单薄，索引学学科建设有待在21世纪去完成。我们期望理论与实践密切结合的，全面、系统、充实的，具有总结性和指导性的索引学专著的问世，以及索引学知识的大大丰富。

为了促进索引学学科建设和使索引学理论能够指导21世纪索引工作新的实践，索引学研究必须与时俱进。由于数据库占有绝对的优势和索引出版物的出版面临着不可逾越的障碍，传统索引正在成为明日黄花，同时，传统索引理论的研究似乎也已到了“顶点”，可研究的新的重大的课题已不多，因此，索引学研究不可再囿于传统的研究范围，而必须拓宽研究领域，围绕文献、信息和知识的检索这个核心，全方位地开展相关问题的研究。

我们应着力于索引的创新。索引的创新应是索引学研究面向21世纪的主旋律。我们需要在索引原理、索引方法、索引技术、索引形式、索引选题、索引应用诸多方面全面展开创新。

应特别关注索引的计算机化和网络化，这是索引创新的主要方向。

新索引项的发掘，标引原理、方法和规则的深入研究，具有重要意义。

自动抽词标引和自动分类技术的研究，尽管难度很大，但意义重大，需要扩大研究队伍，全方位展开研究，而不局限于基于算法的软件设计。

要积极学习国外索引技术。但索引与语言文字关系密切，汉语与外语有很大差异，故切不可把国外经验生搬硬套地直接拿来使用。

3 中国索引学会工作如何面向21世纪

我们学会自1991年12月成立以来，已走过了12年的路程。在条件比较艰难的情况下，本着“真诚、求实、开拓、奉献”的精神，为我国索引事业的发展和索引学术的进步做了一些力所能及的工作，作出了一些贡献，很难说成绩十分显著。但我们相信，在21世纪，我国索引事业的发展和索引学术的进步，仍然需要学会积极工作。学会今后要抓的工作，我认为主要有以下几个方面：

(1)加强索引学及相关领域的学术交流，推动索引学进步。组织学术交流，始终应是学会的头等大事。在过去的12年中，学会曾组织过多次年会和专题学术讨论会，并汇集刊印了5册《索引研究论丛》。此外还组织过一些其他形式的学术活动。但总的说来，学术活动还不够活跃，学术气氛比较沉闷，会员们在图书馆学情报学专业刊物上发表的学术成果很少见。这固然有其客观的原因，即传统索引的衰退导致对传统索引研究兴趣的大大降低，而我们的学会正是在传统索引研究的基础上建立起来的；但是也有其主观的原因，那就是我国的索引正在很快地向数据库转化，而我们的认识未能“与时俱进”，来对学会进行改造。近年虽然已逐渐意识到这一点，但未能采取比较有力的措施来加以改变。不管怎么说，学会的学术活动必须振兴，这是根本。

(2)加强索引知识的普及。索引知识的普及包括两个方面：一是索引利用方法的普及，二是索引编制方法的普及。学会在索引编制方法的普及方面过去做过一些工作(举办多期培训班)，但在索引利用方法(包括向非图书情报出版专业人员介绍在他们的研究、学习和工作中自编索引的方法)的普及方面几乎没有做什么工作。这方面的工作也是有重要意义的，今后应加以关注。

(3)扩展学会的职能。随着我国体制改革的深入发展，某些学会可能会向行业协会方向转变职能。索引学会有可能像国外的索引学会(协会)那样，担负起索引从业人员培训与终身教育、从业人员资格考核、索引成果评奖等的职能。在这方面，目前学会还缺少准备，但很需要做这方面的准备。

(4)办好学会刊物和网站。学会的专业刊物，经过多年筹办与申请，终于在今年三月末创刊。它负有“促进我国索引学和文献数据库技术的研究，推动索引和文献数据库事业的发展，普及索引和文献数据库知识，进行索引学和文献数据库技术领域的国际交流”的使命。办好刊物，对学会的发展至关重要，所以一定要把它办好。办好刊物的关键，是要有符合办刊宗旨的充足的质量高的稿源，这首先要依靠全体会员的支持，踊跃地为刊物写稿。

办好学会的网站也同样重要。办网站比较灵活，发表学术成果和公布学会及业界信息速度快，容量大，花费少，传播广，有其独特的优点。学会的网站已创建多年，但两次上网，两次停下来。问题主要在于对它不够重视，没有真正把它作为一件重要的事来办。办网站可以和办刊物合在一起，成立一个编委会，办两方面的事，因为两者是有密切联系的。

写完于2003年6月3日

原载于《中国索引》2003年第2期

索引要走向社会

“让索引走向社会、走向大众、走向生活”，这是我们这次年会暨学术讨论会的主题。它是一个口号，一个行动的目标。

在《中国索引》今年第3期上，我们刊载了两篇关于上世纪20—30年代中国索引运动的文章。那时的索引运动，是号召索引走向学术界，为学术研究服务。现在我们提倡的让索引走向社会、走向大众、走向生活，其中当然也包括为学术研究服务，但要比上世纪索引运动的口号更广泛、更进一步。其实，时至今日，我国的索引在为学术研究服务这一方面，也还是很不够的。我国的索引事业与出版事业的发展程度相比，可以说是很不发达的。大量出版物的内容，没有在索引中得到反映，不能通过索引来快捷检索和有效利用。

在当今知识经济时代，大至国家，小至个人，利用人类知识财富或者说利用信息资源的能力和程度，对本身发展的重要性，自不待言。社会的飞速发展进步，使各种知识和信息如洪水泛滥般增长，但这并不意味着人们能很容易获得最针对自己需要的知识和信息。索引正是获取知识和信息的一种有效工具。

索引的价值源于知识与信息的价值。虽然，我们不能用“知识诚可贵，索引价更高”来夸大索引的作用；但是，我们却可以说“知识诚可贵，索引价亦高”，这绝没有夸大索引的作用。我们要掌握知识与信息，首先必须找到载有相应知识与信息的有参考价值的文献。因为知识与信息和各种载体形式的文献是分不开的。网络信息，从其本质、实质看，不过是以网络为载体形式（可以说是文献的一种特殊形式）的知识与信息而已。

关键在于，人们利用知识和信息是有高度针对性的。我们吃饭是为了维持生命，但是针对性要求不强，吃一点什么粮食和菜肴都可以，选择性不强。而要利用知识和信息去解决问题则不同，具有针对性的知识与信息是宝贝，没有针对性的知识与信息却毫无价值。一项重要情报对于需要它的单位或个人是无价之宝，对于不需要它的单位或个人却犹如垃圾。

人们所以需要索引，数据库，检索系统，正是为了解决在利用知识与信息的过程中的关键问题——针对性问题。索引，数据库，检索系统是很有价值的。

索引的主要功能，是对浩如烟海的知识和信息进行浓缩式的、提纲挈领式的记录和系统组织，以便进行检索，不但可以使查检过程大大容易，节省时间，提高检索效果，而且，还能进行文献普查、发明查新、科学和文献计量、研究文化学术历史、调查和核实某人或某机构的学术成果、指导阅读，等等，某些种类的索引更有特殊功用。

索引不但是利用知识与信息不可缺少的工具，而且与人们工作和生活的关系也十分密切。索引原理具有广泛适用性，可以说，万事万物皆可索引。如藏品索引、仓库索引、商店商品索引、户籍索引、员工索引、学生索引、电话索引（电话号码簿）、地址索引、邮编索引、公交路线索引、街道索引、商店索引、景点索引、动物园里的动物索引、植物园里的植物索引等，真是不胜枚举。善于利用索引，一定会使一个人聪明起来。

总之，索引的使用程度可表征人们利用知识的能力。索引事业的发展水平在某种程度上反映着文化发展的水平。虽然，这一点不能说得太过分。

我国索引事业至今不发达。

周柏康同志最近对上海海事大学图书馆 2003 年下半年以来入藏的新书随机抽取 1064 种（不包括语文工具书和综合性图书），作了统计调查，结果只有 31 种有书后索引，化成百分比只占 3.1%。这个数字是少得惊人的。

目前有索引的报纸不足 10 种，连 1% 都达不到。

全国公开发行的期刊就有 8000 多种，加上内部发行的期刊则远远超过 10 000 种。虽然多半期刊有年度索引，可是那些年度索引绝大部分都是栏目索引。栏目索引不是真正具有检索功能的年度索引。真正有检索功能的年度主题索引和著者索引则是凤毛麟角，寥若晨星，恐怕也不会超过百分之一二。

检索刊物虽然有一些，也是很少，品种不齐，质量不够高，像国外那些有知名品牌的高质量文摘索引刊物，我国可以与之相匹敌的恐怕很难举得出来。

专题索引偶尔有几种，也只是星星点点，不成气候。

至于文献数据库，虽然有一两千种，但除了四五种综合性的文献数据库普及性较好以外，有影响的实在也超不过几十种。

我们发现，国外进口的产品，如照相机、打印机等，其使用说明书都有索引，我国索引与外国索引的普及程度差距如此之大，真使人感慨万千！

没有大量的高质量的索引产品，怎样谈得上索引深入社会、深入大众、深入生活，索引事业对科学、文化、经济的贡献呢？

所以，索引走向社会、走向大众、走向生活这个口号的实现，固然要从发展索引事业和提高大众对索引作用的认识两个方面入手，但根本的还是要从发展索引产品的生产做起。否则,像高等学校对学生的文检课教育,效果就会大打折扣。更不要说对普通大众(例如图书馆读者)的索引利用教育了。

索引服务正是为满足人们对知识和信息需求的一种服务形式。索引服务就是向人们提供各种各样的索引与数据库。

我们觉得,中国索引学会和《中国索引》这份刊物,有责任在促进索引走向社会、走向大众、走向生活方面做些工作。我们做了这样几件事:

(1)在《中国索引》刊物上发表了一些文章,包括:

《索引服务是中国索引学会走向社会的主要道路》;

《推广实用性较大的文献索引与数据库》;

《〈年鉴索引编纂问题及其解决方案〉一文的启示》;

《20世纪20—30年代我国的索引运动:回顾与启示》;

《索引的宣传运动》等文章,以及许多普及索引学知识的文章。

(2)这次年会,确定以“让索引走向社会、走向大众、走向生活”为主题。

(3)我们在敦煌召开的图书馆学情报学专业刊物会议上提出图书馆学情报学专业期刊要首先进行年度索引的改革的提议,并用学会名义发了《关于改进图书馆学情报学期刊年度索引的倡议书》。

(4)我们选择一些刊物给它们义务做年度索引,以起示范的作用。

(5)我们探索了期刊年度索引编制中遇到的问题并编制了一个编年度索引用的应用软件。

(6)为了通过网络为社会进行索引服务,促进我国索引事业的发展,我们学会的“索引服务在线”也开通了。

另外,我们还在摸索索引编制的市场经济化问题。索引编制的市场经济化势在必行。

我们做的这些工作只是星星之火,希望它能燎原。

我们认为,让索引走向社会、走向大众、走向生活,要做许多工作,要有许多单位和个人共同努力,编社会需要的索引,多编索引,编好索引,扩大索引的应用范围,要用许多年时间作不懈努力,方能奏效。

希望在这次讨论会上大家多出点子,集思广益,也希望大家为索引走向社会、走向大众、走向生活多作贡献。

谢谢大家!

写完于2004年11月4日

原载于《中国索引》2004年第4期(署名:《中国索引》编辑部)

索引服务是中国索引学会走向社会的主要道路

学会新一届领导班子工作会议决定，2004年起要加大索引服务的力度，争取在我国索引事业发展中作出更多的贡献。

我们学会的宗旨和会员活动准则是：真诚、求实、开拓、奉献。开展索引服务，是学会走向社会，融入信息服务业，促进我国索引事业前进的主要道路。

我们学会创建12年来，在索引服务方面也曾做过一些工作，主要是举办了十多期索引业务培训班，少部分会员曾接受委托，为一些单位代编过一批索引，为某些数据库进行过代标引与设计咨询等服务，通过写文章和会议交流作过一些索引和数据库知识的宣传普及工作。但总的说来，这方面的服务工作只是星星点点，极为有限，形不成规模。

我们国家无论在历史文献方面还是在当代出版的书刊方面，其品种数量都称得上"文献之邦"。但是，我国索引事业的规模，与发达国家相比却有很大差距。促进索引事业迅速发展，是我们这个专业学术团体和全体成员义不容辞的责任。加大索引服务的力度，实在可以说是当务之急。

开展各种形式的索引服务，不仅可以多做些促进我国索引事业发展的实事，而且也可以促进学会的学术研究与交流活动，也可以促进会员专业水平的提高。

索引服务的范围和方式是广泛多样的，大体可概括为下列几个方面：

(1)索引和数据库知识的宣传普及；

(2)索引和数据库人员的业务培训；

(3)组织会员业余代编各种索引和数据库；

(4)研制和供应各种索引和数据库编制的专用软件，促进这类软件的商品化；

(5)开展索引和数据库设计、编制方面的咨询；

(6)会员索引技术水平的考核和颁证；

(7)开展索引服务的中介活动；

(8)学会独立创办或与相关单位(如图书情报机构、出版机构、网站、数据库公司等)联合创办索引与数据库企业。

为了组织好索引服务，当前应开展两项调查：对索引服务对象的调查和对愿意参加索引服务的会员的调查。

对索引服务对象的调查主要包括:需要委托代编索引或数据库的文献资源的类型和载体形态(手稿、印刷型或数字化资源)、学科或专业、文字(文言文或白话文文献等)、年代、数量;需要编制的索引或数据库的类型、检索性能和质量要求;完成时限;可以接受的付酬标准等。

对愿意参加索引服务的会员的调查主要包括:从事过索引或数据库编制的经历或受过索引或数据库专业培训的情况;可以进行索引服务的时间;学科或专业;是否懂文言文;是否能使用计算机;可以接受的报酬标准等。

为了搞好培训,需要制定教学大纲,编制相应的教材和准备教学参考材料。

需要研制若干种索引和数据库编制软件,那些索引和数据库应是值得推广的。

为了顺利推进索引服务,学会各专业委员会以及学会的刊物和网站应紧密配合,分工合作。

我们还应争取图书情报教学单位及其他相关单位的援助。

写完于2004年1月26日

原载于《中国索引》2004年第1期(署名:《中国索引》编辑部)

推广实用性较大的文献索引与数据库

学会决定从 2004 年起要加大索引服务的力度，争取在我国索引事业发展中作出更多的贡献。这涉及推广普及工作的重点问题。

本刊 2004 年第 1 期发表了《索引服务是中国索引学会走向社会的主要道路》一文，指出索引服务工作的范围和方式有下列八个方面：(1)索引和数据库知识的宣传普及；(2)索引和数据库人员的业务培训；(3)组织会员业余代编各种索引和数据库；(4)研制和供应各种索引和数据库编制的专用软件，促进这类软件的商品化；(5)开展索引和数据库设计、编制方面的咨询；(6)会员索引技术水平的考核和颁证；(7)开展索引服务的中介活动；(8)学会独立创办或与相关单位联合创办索引与数据库企业。可以说，这八项工作的每一项，都有一个重点推广什么类型的文献索引与数据库的选择问题。

选择推广什么类型的文献索引与数据库，所依据的原则应是：(1)适应我国当前对文献索引和数据库的普遍需要和索引与数据库知识的普及水平；(2)索引与数据库具有较高的检索效率和相对较低的编制成本；(3)能覆盖大多数文献类型。

符合以上选择原则的文献索引和数据库的结构类型(即从索引与数据库的编制原理、方法和功用的角度看)是：

(1)分类索引与数据库；

(2)汉语题内关键词索引与数据库；

(3)基于自由标引的“自由标引词索引+分类索引+类名索引”的索引体系；

(4)标题词索引与数据库；

(5)叙词索引与数据库；

(6)文献内容(对文献细节进行标引的)索引与数据库。

以上 6 种结构类型的索引与数据库的原理和方法，大致可以满足我们应大力发展的下列各类型文献的具体索引与数据库的编制需要：

(1)期刊文献索引与数据库；

(2)报纸文献索引与数据库；

(3)专著(图书)索引与数据库；

(4)年鉴方志索引与数据库；

(5)人物传记资料索引与数据库；

(6)语句(如诗词成语等句子)索引与数据库；

(7)图像(基于内容的)索引与数据库；

(8)著者和机构索引与数据库。

也就是说,我们学会参与索引服务的会员应具备的业务素质(专业知识准备),我们的索引与数据库业务培训和考核,我们在索引和数据库知识的宣传普及方面的重点,我们代编索引和数据库服务的范围,我们编制索引专用软件等,都应侧重于上述诸种文献索引与数据库类型。

我们当前迫切需要的《文献索引与数据库业务培训大纲》,可以依据上述的选择来编制。

当然,我们还应当学习和研究更多新的索引和数据库类型,但这就不是整个学会的“当务之急”了。

写完于2004年4月10日

原载于《中国索引》2004年第2期(署名:《中国索引》编辑部)

振兴索引学术研究，
根本在于拓宽研究领域

索引出版物一年比一年少，现在，除少数题录刊物和书后索引外，新出版的索引几乎是凤毛麟角，十分难觅了。

书本式索引著作，从个人编索引的方面看，由于印数很少，给出版社的补贴额又相当高，面临着不可逾越的障碍，使人望而生畏；从单位编索引的方面看，由于索引编制计算机化，再加上出版成本高，一般都采用数据库的形式来向社会提供利用了。因此，传统索引的出版品种大幅度减少是必然趋势。

既然传统索引正在成为明日黄花，人们不再对它保持研究兴趣也在情理之中。近几年来，我国图书情报专业刊物上，已很少见到新发表的传统索引研究文献了。实际上，传统索引理论的研究似乎也已到了“顶点”，如果再停留在原有的研究范围内，创新的余地就极少了。

新时期以来，我国索引事业一直在向现代化发展，在向数据库转化，虽然与社会进步的速度相比尚存在滞后，但成绩还是很明显的。可以说，传统索引理论的研究必须与现代索引技术即数据库技术的研究密切结合，才会有很大的创新空间。数据库的应用必然会越来越广泛，真可谓“前途无量”。

时代在很快进步，我们学会和全体会员必须跟上时代的进步，必须“与时俱进”。应当承认，我们学会在索引学术研究方面尚有较大不足，学术气氛比较低沉，有点老气横秋，从整体看，索引现代化研究的成果较少，已到呼唤振兴的时候了。

要振兴索引学术研究，根本在于拓宽研究领域。

正是基于这一点，学会在专业刊物《中国索引》创办之时，仔细研究了办刊方针，确定该刊“围绕文献、信息和知识的检索（索引的主要功能就是检索功能）这个核心，全方位地刊登相关的文章和资料”（具体包括十个方面，详见《发刊词》），“不囿于传统索引，而且更着重于文献数据库”，“对传统索引与检索工具、文献数据库与计算机检索系统、网络信息检索工具（俗称搜索引擎）”以及其他相关文章“均所欢迎”的方针。

也就是说，拓宽索引学术研究领域，既是办刊方针，也是振兴学会学术研究活

动的根本方向。学会将循着这个方向开展活动,希望全体会员能振奋精神,放开视野,积极参与索引学术研究,推动我国索引事业更快进步。

写完于2003年5月30日
原载于《中国索引》2003年第2期

索引工作的性质与索引工作者劳动的性质

本文中索引工作一词，也指文献数据库建库工作。

索引工作的性质

索引工作可以说是编辑工作。出版社有些编辑人员在做索引编制工作。一些书必须有索引，但著者写书自己编索引者不多，索引是在编辑过程中增补上去的；另一些书常常没有索引，但如配备一个或若干个索引，就可提高其品位和增加其价值。高质量的索引，能使某些图书的使用价值倍增。

索引工作也可以说是情报工作、信息工作。在情报刊物中，索引刊物占有重要地位（在文摘刊物中，索引也是举足轻重的）。有很多情报人员在从事索引编制工作。

索引工作也是图书馆工作的一部分。图书馆常常针对读者的需要，编制其馆藏文献的索引，供读者参考或向读者通报宣传。图书馆书目参考部门的工作人员，其经常性的工作任务，就是编制各种索引。

在档案工作部门，编制档案索引是其基础性业务工作之一。如若没有档案索引，所收藏的档案是不可能被充分利用的。许多档案工作人员，成年累月地在编制索引。

文献普查是科学研究的前期工作，文献普查的结果，就是编制成有关研究课题的参考文献索引。所以，许多科研人员也亲自编制索引。

由此可知，索引工作具有图书编辑工作、情报服务工作、图书馆服务工作、档案管理工作、科研前期工作等的性质，总括地说，索引工作具有知识服务的性质。

索引的本质，就是知识组织的工具。通过索引有系统地揭示各类文献的内容，将分散记载于大量文献中的知识初步地组织起来，以方便检索。

索引工作者劳动的性质

不少人认为，索引工作只是抄抄写写、编排编排的简单劳动。不可否认，一些粗糙简陋、检索功能甚低的索引，的确是这样被编出来的。

精心设计、精心编制的高质量的索引，是含有许多学术成分的产品。那些索引堪称“索引著作”。编制那样的索引，实在也是一种著作活动，是一种学术工作。

索引工作者需要具备许多条件，才能编制出高质量的“索引著作”：

索引工作者需要有知识素养，特别是一定的专业知识素养。索引的编制需要对收录的文献进行选择甄别，对被标引的文献进行准确标引分类，这都需要专业知识。

某些索引，如《古今图书集成》电子版的索引数据库，在编制过程中还要借助于版本学、文字学、校勘学、训诂学、文献学、索引学、数据库技术等诸多知识来解决遇到的问题，才能使索引臻于完善。

一部功能完善的索引，它的诸多检索功能正是深入分析了被索引的文献的特点，从中找出有用的索引项，而设计出来的，所以能做到尽可能地挖掘其所含的信息资源，提供尽可能多的检索途径，达到很高的检索效率。

索引工作很琐碎，需要认真细心从事，是艰苦繁重的工作。一些索引的工作量很大，需要索引工作者花费很多时光。如《古今图书集成》电子版的索引数据库的编制，好几十人（包括教授和研究生）花了十多年时间，始告完成。

一部好的索引编成不易，使用者自然获益匪浅，不但节省了时间（时间就是生命），而且往往可从其中获得一些对研究工作具有关键性的参考文献线索。但是，当他们总结成果、获得奖励时，提及从索引中获得帮助者并不多见。而在索引工作者所在单位，也偶有对索引工作的评价和奖励与对其他学术成果的评价和奖励不够一视同仁的情况。所以有人把索引工作说成是“为人作嫁衣裳”的工作。实际上，一切服务工作都有“为人作嫁衣裳”的性质。或许，把索引工作看作“润物细无声”的工作更为合适。

索引工作，“眼高者不屑为，手低者不能为，用之者固称方便，而编者之苦衷非尽人皆知也”（许逸民语）。林仲湘先生认为，上面这几句话道出了实情，并指出：“要改变这一状况，我们认为必须争取高才者的指导甚至参与其事，低能者不妨通过这一实际锻炼去提高自己，也能够逐步转化为高才者，成为索引的行家。既然用之者皆称善，编者的个人得失、个中苦衷也不必多去计较。关键主要在于有没有事业心，是否愿意为这一无私利可图而有功于众的事业献出自己的时间、精力。”

我们对索引工作与索引工作者的劳动应有正确的认识。

参考文献

林仲湘等. 从油印本、印刷版到电子版——论《古今图书集成索引》的编制. 中国索引，2003（3）：5－12

写完于2004年5月26日

原载于《中国索引》2004年第3期（署名：《中国索引》编辑部）

索引工作者需要懂一点情报语言学

情报语言学与索引学的密切关系在于:(1)作为情报语言学主要研究对象的情报检索语言,其两个主要的应用领域之一是编制检索情报源这一大类型的索引(即各种文献篇目索引);(2)不使用情报检索语言的各种类型的索引也普遍使用着情报检索语言的原理和方法;(3)情报语言学研究与索引学研究的根本目的都是提高文献情报检索系统(包括计算机的和传统的检索工具、目录、索引)的检索效率;(4)情报语言学内容的源头一部分就是索引的实践。所以,在研究情报检索语言的时候,总是要考虑到它在情报源索引方面的应用效果;在编制各种索引(虽然那些索引并不使用情报检索语言)时,总是要考虑到它是否符合情报检索语言的原理和方法。这导致情报语言学与索引学的互相包容。

情报检索语言的语词(检索词、分类号)构成情报源索引的标目。为了保证标引质量和标目(主题标目、分类标目)的前后一致,凡连续出版的索引(如检索刊物、分时段连续出版的多卷索引等),都要使用情报检索语言作控制工具。某些单卷式索引,为了组织上的方便,也常采用情报检索语言。一些特别庞大的索引,往往有自己专用的情报检索语言(这类情报检索语言采取在一个框架下逐步累积的编制法)。编制分类索引特别需要使用或参考分类检索语言。

情报检索语言的四项基本功能,可以说正是为了编制一部高质量的情报源索引而设定的。所以,某种索引,一旦使用了某种情报检索语言,就可以获得该种语言所特具的四项基本功能来组织高质量的索引:(1)按情报检索语言标引文献,可形成十分规范的索引标目;(2)按情报检索语言规定的次序排列标目,可形成极为系统的分类体系和字顺体系;(3)按情报检索语言所显示的概念关系,可构成高质量的参照系统;(4)采用情报检索语言作为检索标识,可很好发挥索引的检索功能。从而,成为一部完美的索引。

不使用情报检索语言的各种索引,为了提高标目措辞、款目排序、参照系统构建、检索标识功能等方面的质量,也常参照情报检索语言的原理、方法和规则,来制订一套自己的规范,在索引编制过程中遵循,而达到与使用情报检索语言相似甚至相同的效果。作为索引编制一般规则的通行索引标准，其内容有很大一部分与情报检索语言教材相同。

由此可见，索引编制工作者掌握一点情报语言学知识，是十分必要的。

写完于2008年1月17日
原载于《中国索引》2008年第3期

关于我国实施索引员资格认证和专业培训的思考

在因特网上偶见几条招聘索引员的消息，知道“索引员”这个稀罕的职业品种在市场经济环境下开始有了需求。

索引员在国外属自由职业，人数有一定数量。国外的索引协会，就是索引员的行业组织。索引协会负责索引员的资格认证和专业培训。各国的情况基本相同。

中国索引学会与国外的索引协会大致相当，索引员资格认证的职责理应由学会承担。同时，在我国高等学校中，既无索引学专业，也罕见有针对本科生的索引学专业课程。所以，与索引员资格认证配套的专业培训任务，最好也由中国索引学会来实施。

1 关于索引员资格认证的思考

索引员相当于出版专业的“编辑”、图书情报专业的“馆员”，因此应具有大学本科毕业水平。但是，具备索引学基本知识和编制索引的能力，是不可缺少的条件。

我以为，下列情况可获索引员资格认证：

(1)具有本科(及以上)学历，通过培训和实践作品考核优秀者，可获索引员资格；

(2)图书情报专业本科(及以上)学历，通过考试和实践作品考核优秀者，可获索引员资格；

(3)具有一般大专学历，通过培训和有三倍的实践作品考核优秀者，可获索引员资格；

(4)具有图书情报专业大专学历，通过考试和有三倍的实践作品考核优秀者，可获索引员资格；

(5)不具备以上学历，但有五倍的实践作品考核优秀者，可获索引员资格。

具有图书情报专业学历者之所以可免去参加培训，是因为他们一般都学习过与索引员培训相近的课程，但又必须通过考试，以检查他们是否真正具备索引员应有的知识。

培训考试与资格认证考试合而为一。

通过索引员资格认证者，发给索引员资格证书，并随时在中国索引学会网站上公布中国索引学会索引员名单。可根据索引员的请求，向相关用人单位作推荐。

2 关于索引员专业培训的思考

索引员专业培训的内容，是依据资格认证的标准确定的，包括下列内容：

(1)索引学基础知识，重点为索引的结构与功能原理、索引排序、索引设计。

(2)文献篇目索引的编制，重点为文献著录、分类、主题标引。

(3)图书内容索引的编制，重点为图书可索引内容的提取，索引标目措辞。

(4)索引的计算机编制和文献数据库，重点为数据库的建立。

(5)实践：

编制文献篇目索引(收录文献不少于1000条目)一种，必备分类和主题检索途径；

编制图书内容索引(图书篇幅不少于20万字)一种。

索引员培训课程采取网络教学和面授结合的方式进行。

3 索引员日常业务咨询和指导

对索引员的工作给予日常帮助；组织索引员的经验交流和知识更新。

以上设想是否妥当，请大家讨论。

参考文献

[1]张琪玉. 图书内容索引事业：我国可能采取什么模式. 中国索引，2007(2)

[2]张琪玉. 谁来编图书内容索引. 中国索引，2007(1)

[3]戴立群. 英国索引学会的职业索引培训. 中国索引，2008(1)

[4]戴立群. 英国图书索引的发展现状——兼论中国索引国际化的机遇和挑战. 中国索引，2006(4)

写完于2008年6月27日

原载于《中国索引学会第三次全国会员代表大会暨学术论坛论文集》(2008年11月)

索引员署名的意义

在附于书后发表的图书内容索引中，我尚未发现有署索引编者姓名的（非图书著者本人所编，单独出版的索引，署索引编者姓名的情况除外）。毫无疑问，那些索引中的大部分，不是图书著者本人编制而是由索引人员编制的。索引一旦附于图书之后出版，就成了图书的一个组成部分，增加了图书的学术价值和使用价值，这是不可否认的事实。从这个意义上讲，索引编制人员也参与了图书的创作，与责任编辑、装帧设计等人员一样，给予署名权是应该的，也可表示他对索引的质量负责。

国际索引标准（ISO 999—1996）在"6.4.4 索引员的署名"一款中规定："出版社应给予索引员在文献中署名的机会。"这一款可维护索引人员的正当权利，改变人们对索引人员劳动的看法；可增强索引人员的责任感，从而提高图书内容索引的质量。

在英国索引标准中也列有"7.2.5 索引员的署名：出版社应当允许索引员在著作中署名"一款。美国索引标准和中国台湾索引标准中则未发现有这一款。

国际索引标准（ISO 999—1996）的这一款似乎也打破了索引人员一向不在图书内容索引末尾署名的惯例。其实，在 ISO 999—1975（E）国际索引标准草案中就有"5.5 应当列出负责任何有实际价值的索引的人名"这么一款，但后来不知为什么在草案修订稿中被删去了（后来在正式标准中又被列入）。可见，这一惯例存在已久，对是否要打破它的看法是不一致的。主要坚持保留这一惯例者是出版社，但索引人员本人似乎也并不对此在意。不然，一篇二、三百字的文摘，文摘员都可以署名，一篇比文摘要多花许多精力来编制的图书内容索引，索引编制人员为什么不署名呢？

我以为，国际索引标准（ISO 999—1996）对此问题的措词是比较稳妥的："出版社应给予索引员在文献中署名的机会。"至于索引人员本人怎样选择，则完全可以自由。

写完于 2006 年 3 月 28 日

原载于《中国索引》2006 年第 2 期

图书内容索引事业：我国可能采取什么模式

从西方的模式揣测我国的模式

西方国家(还有日本)图书内容索引事业非常发达,除了文艺作品和小册子以外,其他图书绝大多数附有内容索引。内容索引多半是由职业索引员编制的,也有一些则是由作者自己或其友人或出版社的编辑编制。作者、出版社都会找索引员为新书配置内容索引。在西方国家,索引员是一种职业,属于自由职业性质。有专职的,也有业余从事的。索引员既要有索引技能,又要具备所编索引的图书的相应专业知识,这比图书馆的分类编目人员还要求专一些。各个出版社固定聘用索引员一般在经济上不合算,故都是出版什么内容的书,临时去找对口的索引员,把编索引的工作外包给他去做,付给适当的报酬。这就是西方的模式。

我国是什么模式,目前还不明朗。我国从计划经济步入市场经济以来,图书出版量飞快增长,但图书内容索引的增长却非常迟缓,有内容索引的图书估计还不足出版新书的10%。出版社既没有专职编制索引的人员,社会上也没有类似西方的职业索引员。我们仅仅发现一位在业余时间从事索引编制服务的高等学校教师,经常为各种年鉴编制索引,并与人合作,研制了一种索引专用软件,颇有成就,他的情况,相当于西方的兼职索引员。我国高等学校没有培养图书内容索引专业人才的专业或课程;在高等学校以外,也不曾有此类索引员的培训活动(中国索引学会虽办过两期有关图书内容索引的短训班,但还算不上专业索引员水平的培训),至于索引员职业认证制度,则更无从谈起了。

对于我国图书内容索引事业的落后状况,在寻找其原因时,有一个问题经常使人困惑:到底是因为缺乏编制索引的人才而导致图书内容索引事业不发达呢?还是因为中国读者不需要图书内容索引而没有出现编制图书内容索引的职业队伍呢?其实,这样提问是不合适的。根本的问题在于:出版业界和作者读者都还没有普遍意识到图书内容索引对充分发挥图书的潜在价值,对提高图书的品位的重要意义。这里出版界是关键所在。如果出版界没有觉醒而起来采取行动,我国的图书内容索引事业是不可能快速发展的。这事大概也只能慢慢等待。

关于我国图书内容索引事业,我揣测,最可能是采取各种体制并存的模式:

(1)由出版社的图书编辑来编制。图书责任编辑如果意识到他所编辑的图书需要配置内容索引,他的决定权最大,而且必要时他也可以自己动手编,最容易实现。这是第一种动力。

(2)若作者意识到自己写的书要有内容索引才完美,他会尝试自己编索引或请友人帮助编索引。作者自己编的索引被出版社删去的事以前时有所闻,现在估计越来越少了。这是第二种动力。

(3)在市场经济环境下,效法西方,一些人从事索引员职业,促进图书内容索引事业的发展。这是第三种动力。但在我国,稿费水平很低,专职索引员可能维持不了普通的生活水平,所以,业余从事图书内容索引编制者可能成为索引员队伍的主要成分。

(4)小型索引公司。这是第四种动力。在当代,索引技术的应用将越来越广泛。这是指图书内容索引以外的各种索引特别是数据库而言。小型索引公司将会出现,他们可以接受出版社的外包业务,索引员可以依附于小型索引公司。

我以为,在我国,图书内容索引事业采取以上多种方式的多元化发展模式的可能性比较大。

中国索引学会如何应对我国可能采取的模式

中国索引学会工作的薄弱环节,也正是对推动图书内容索引事业的发展用力不够。在中国索引学会会员中,来自出版界的会员所占比例极小极小,当前没有一位代表出版界的副理事长,学会活动很少考虑图书内容索引的发展。最近编制国家索引标准,也未邀请出版界人员参加起草小组。

中国索引学会与英国、美国、澳大利亚等的索引协会,活动范围的一致性极小。西方索引协会是索引员(虽然也有少数图书情报人员等参加)的行业组织。中国索引学会则基本上是图书情报人员(几乎没有出版界的图书内容索引编制人员)的学术团体。当然,这一弱点,主要并非学会组织者的过错,这是与中国当前图书内容索引事业极不发达,根本不存在像西方国家那样的索引员队伍的情况一致的。

但是,推动我国图书内容索引事业前进毕竟是我们学会的任务,因为中国索引事业不可缺少图书内容索引这一块,这是索引事业中最古老、最传统的一块。

我国完全采取西方国家图书内容索引事业发展模式的可能性不大。中国索引学会也不大可能完全变成西方索引协会那样的行业组织。但是,只要我国图书内容索引事业采取多种方式的多元化发展模式,我们学会的工作方向就要适应这一

模式而有所准备,做好几件事:

(1)制订图书内容索引国家标准细则;

(2)编写与索引标准配套的图书内容索引标准教材;

(3)不断举办索引员培训班(培养作者、编辑、职业索引员等不同对象的);

(4)制订索引员考核标准、认证制度及考核办法;

(5)开展向出版社推荐索引员的中介服务;

(6)制订图书内容索引质量评估体系并开展评奖活动;

(7)有计划地开展相应的学术和经验交流活动;

(8)维护索引员权益(如报酬标准、标准合同等);

(9)组织图书内容索引专用软件的研制。

假如能在五六年内做好这些工作,那就很了不起了,不过,我们总得从现在起步走。

本文是看了《中国索引》2006 年第 4 期戴立群先生的文章和受学会委托答复戴立群先生有关我国图书内容索引事业的若干问题有感而写。

写完于 2007 年 2 月 5 日
原载于《中国索引》2007 年第 2 期

谁来编图书内容索引

图书的内容索引，既可以由作者自己编制，或出版社编辑人员编制，也可以由专业索引人员来编制。三者各有长处。

作者自己编索引，由于被索引的书中哪些是重要的和有参考价值的内容，哪些是有检索意义的知识点，作者本人最为清楚，所以能够较准确地提取可索引内容，保证索引的基本质量要求。但是，图书作者对于索引编制规则的了解一般不多，编出的索引从技术角度看不一定是最好的。同时，图书作者很少自己编索引。

如果由出版社的图书责任编辑来编索引，可能比作者自己编索引来得好些，因为责任编辑在其工作过程中对图书内容的了解是比较深入的，并且对索引知识的掌握也会比作者多些，某些编辑还可能有一些编制索引的经验，因此可能编出较好的索引。特别是，编索引的工作可与审稿、修稿工作结合起来。

在国外，大部分图书内容索引是由职业索引员（专门编索引的自由职业者或业余兼职人员）编制的。索引员一般都得到索引家协会的资格认证，在索引技术上可更胜一筹。但职业索引员往往遇到不熟悉被索引的图书相关专业知识的情况，同时迫于编制时间紧促，也有一定弱点。但编索引多了，其经验完全可弥补他的不足。

最好是，由索引员来编制，再由作者或责任编辑审阅、修正一次，这样的索引就会更加完善。

由文献标引人员来充当索引员，是相当理想的。当然，编制图书内容索引与为文献目录作标引并非一回事，但其间有很多相通之处。因此，文献标引人员很适合做图书内容索引的兼职索引员。

我国的索引员专业队伍极小，这也可以说是图书内容索引事业不发达的原因之一。中国索引学会的会员大部分是文献标引人员，希望有很多会员能加入到索引员队伍中来，可以做兼职索引员。

写完于2007年1月13日

原载于《中国索引》2007年第1期

关于图书内容索引的稿酬

图书内容索引的编纂者,不论是图书著者本人,图书著者的友人,还是图书的编辑,出版社一般都得支付稿酬。但其稿酬标准,却未见有明确的规定。我在这里提出一个初步意见:

我认为,图书内容索引的稿酬,原则上应"同书同酬",即与被索引的图书执行相同稿酬标准。但在执行中,可以有下列几点调整:

1)索引篇幅不足原书正文4%的图书,一律按4%的篇幅计算稿酬。例如:

原书200页,索引4页,以8页计酬。

2)索引篇幅超过原书正文10%的图书,其超过部分可对折付酬。例如:

原书200页,索引30页,以25页计酬。

3)下列特殊情况另议:

a)要求提前交稿者(一般20万字的图书,其索引7天交稿);

b)索引难度较大者,如古籍等;

c)被索引的图书非一般读物,如电子图书等。

以上意见是否妥当,希望能展开讨论。

写完于2007年10月16日

原载于《中国索引》2008年第1期

知识诚可贵　索引价亦高
——简论索引的功用

1　索引的价值源于知识的价值

知识是人类创造的一切财富中最宝贵的财富,是人类社会赖以生存发展的重要资源——信息资源,其中所包含的科学技术知识,被称之为第一生产力。在当今信息和知识经济时代,大至国家,小至个人,利用人类知识财富或者说利用信息资源的能力和程度,对本身发展的重要性,自不待言。

知识与其各种载体形式的文献是分不开的。人们利用知识是有高度针对性的。所以,要利用知识,首先必须找到载有相应知识的有参考价值的文献。然而,由于当今科学技术高速发展,文献数量浩如烟海,而且纷繁无序,要“全、准、快、便、省”地找到所需文献,却是一个难题。基于索引原理的各种检索工具和检索系统,正是为解决这一难题、为充分开发、利用知识财富而创造的唯一有效的工具。

可以说,“知识诚可贵,索引价亦高”,索引的价值,本源在于知识的价值。

但是,索引的价值,却至今远未被人们普遍认识。本文正是企图从索引是什么和索引的功用的角度,阐明索引的重要价值。

需要说明的是,文献目录和文摘,特别是文献数据库,其原理和功用与索引基本相同,本文阐述的宗旨也完全适合于它们。

2　索引的实质、特点和存在形式

2.1　索引的实质

索引是对某种文献或某一文献集合中所包含的各篇文章,或所讨论的各个局部主题,或所涉及的各种事项(如地区、人物、机构、事件、生物、矿物、产品、设备、公式、数据、著作等)以简明的方式分别著录标引,即确定其检索标识和指出其所在位置,作成款目,并将款目按一定的可检顺序排列和组织,以方便检索的一种工具。

2.2　索引的特点

索引作为一种检索工具的特点在于:

(1)它是一种高深度标引的检索工具,以文献中的一个局部内容或事项,或期刊中的一篇文章作为一个标引单位。

(2)它以极简洁的形式(一般仅有检索标识和出处)起指引的作用,而不是对文献进行登记和报导(报刊论文索引除外)。

(3)它总是提供与书刊的目次或检索工具的正文(或检索系统的主文档)部分所不同的检索途径。

(4)它以便于查检的顺序编排其款目。

2.3 索引的存在形式

(1)作为某种书刊的一个组成部分(不管它是否作为一种独立的著作出现),摘记书刊中的知识单元或事项为条目,标明出处,并按一定次序编排,以方便查检该书刊内容的附属性资料,如各种专书、专刊索引。

(2)作为某种检索工具或某个检索系统的一个组成部分,以简明的方式提供与该检索工具的正文部分或检索系统的主文档部分不同的检索途径,如美国《化学文摘》的各种索引提供了与该文摘正文部分不同的多种检索途径。

(3)作为独立于某批书刊之外的一种简明检索工具,如各种群书索引(《十三经索引》等)、群刊索引(《全国报刊索引》等)和专题论文索引。这第三种情况很难与文献目录截然区分。

(4)文献数据库一般都融合了目录和索引(有的还包括文摘和全文),是多功能的,索引功能是其核心。

3 索引的功用

3.1 索引的一般功用

用于文献检索(也即知识检索),这是索引最主要的功用。利用索引进行文献检索可达到:

(1)查寻过程大大简便,大大加快查寻载有所需知识的文献或文献中所需知识的位置的速度,从而千百倍地节约时间。因此,人们称索引法是省时法,是提高效率的方法,也可以说是延长学者寿命的方法。索引在现代人的研究、工作、学习、生活中的作用是十分重要的。

(2)通过索引查寻文献,可获得较好的检索效果(可提高检全率和检准率)。

(3)浏览索引,往往可发现某些检索者所未想到的有用资料(新发现的知识,新发现的文献版本等)。

总之,索引可提高人们利用知识的能力。

3.2 索引的特殊功用

(1)利用索引,可辅助查明某项发现、发明、理论、原理、方法等的优先地位或是否属于"第二次发现新大陆"。

(2)利用收录比较完备的索引,或利用多种索引,可以进行文献普查,这对课题研究和编写教材等有很大帮助,属于科学研究的辅助劳动。

(3)收录比较完备的索引(综合性的或专业性的索引)是进行科学计量和文献计量分析研究的基础。

(4)收录某一时期文献的索引,是研究该时期文化学术的史料。

(5)在某人或某机构学术成果的调查和核实中,索引是初步的依据。

(6)索引可用于对某种文献的查证(考证)。

(7)研究索引,可发现科学研究中的某项空白或可能的生长点。

(8)某些索引具有独特的功用,如引文索引、杂原子索引、化学结构索引、等同专利索引、某些古籍索引等。

(9)某些书虽非工具书,有了索引,在一定程度上也可起到工具书的作用,其使用价值就可大大提高。

应当指出,索引的现代形式——数据库,其功能大大超过传统的索引,因而其功用也更多。

3.3 索引原理在其他领域的应用

索引原理具有广泛适用性,可以说,万事万物皆可索引。

(1)索引原理在物品管理中的应用:如藏品索引、仓库索引、商店商品索引等。

(2)索引原理在人员管理中的应用:如户籍索引、员工索引、学生索引等。

(3)索引原理在日常生活中的应用:如电话索引(电话号簿)、地址索引(排序的通信录)、邮编索引、公交路线索引、街道索引、商店索引、景点索引、动物园里的动物索引、植物园里的植物索引等。

其他如药物功能与适治疾病索引、索引式笔记,等等,不胜枚举。

4 多编索引,多用索引,多研究索引

多编索引,为社会各方面服务。索引功用甚多,故社会各方面有广泛需要。编

制索引并不是一项简单的只是抄抄写写的工作，而是一种著作活动，需要用做学问的态度去编制。编制索引是图书情报机构（包括出版社、报社、杂志社等）的一种服务形式，而并非都可盈利（只有一部分索引产品是可以盈利的）。社会需要索引，故需要有人作奉献（中国索引学会的宗旨就是："真诚、求实、开拓、奉献"），"为人作嫁衣裳"。

多用索引，在图书情报服务中要善于利用索引，更要把如何利用索引的方法技巧传授给读者、用户，要"授人以渔"，以提高他们利用索引获取知识的能力。

多研究索引，推进索引的进步和索引事业的发展。索引需要创新，需要在索引原理、索引方法、索引技术、索引形式、索引选题、索引应用等诸多方面全面展开创新，以适应信息和知识经济时代的需要。

写完于 2003 年 9 月 7 日

原载于《中国索引》2003 年第 3 期

万事万物皆可索引

索引由 4 种要素构成:(1)被索引事物(应是一个集合,也即索引源);(2)索引标目(由索引项构成);(3)索引标目所指事物的地址(即出处);(4)索引款目排序规则。

索引的基本功用是作为查找目的事物的工具,可加快查找速度,节约查找时间,使查找过程变得简易方便,降低查找遗漏。另外,它还有不少别的用途(如作为某种统计数据、作为史料、作为某种间接凭证等)。

一般认为,索引是文献检索工具。其实,索引作为查找目的事物的工具,其原理具有普遍适用性。万事万物皆可索引。

索引可分为文献索引和事物索引两大类。文献索引是索引原理在文献检索方面的应用而编制的检索工具,从不同角度区分,其种类至少可细分为一二百种。我们图书情报工作者比较熟知文献索引,而很少注意事物索引。

事物索引是索引原理在非文献检索方面的应用而编制的检索工具。事物索引大体可归纳为:

(1)在物品管理中使用的索引:如藏品索引、仓库索引、商店商品索引等;

(2)在人员管理中使用的索引:如户籍索引、员工索引、学生索引等;

(3)日常生活用的索引:如电话索引(电话号簿)、地址索引(排序的通信录)、邮编索引、公交路线索引、街道索引、商店索引、景点索引、动物园里的动物索引、植物园里的植物索引等;

其他如药物功能与适治疾病索引、索引式笔记等,不胜枚举。

索引作为一种工具,按其实质是以与事物原有排序方式不同的另一种排序方式提供科学的、需要的查找途径(检索途径),以提高查找某一目的事物的效率。凡是遇到查找不便,需要提高查找效率的地方,一般均可通过编制索引来改进。

事物索引一部分有现成的品种可供利用,如电话号簿、城市街道索引等;但在大部分场合则没有现成的,需要针对具体的被索引事物集合来现编。所以,普及索引知识,让大家于研究、学习、工作、生活中广泛利用索引原理,实在很有必要。

有许多领域还缺乏索引,例如火车时刻表为什么查检起来非常困难,就是因为缺少科学、完善的索引。广播电视节目也缺乏索引。需要做索引的地方实在太多了,就看你是否留意去思考。

数据库是索引的现代形式,比之传统索引编制更容易,而功能更多、更强。任何索引都可以实行数据库化。

写完于2003年7月20日
原载于《图书馆理论与实践》2003年第6期

索引法也是一种研究方法

文献索引和数据库作为调查检索参考文献和分析研究文献内容的工具在科学研究中被广泛地使用，而且，其原理（即索引法）也可作为科学研究的辅助方法。

• 索引法在编写综述、述评和教材中的应用

编写综述、述评和教材的一般过程是：①收集有关专题的文献；②浏览所收集到的文献，草拟并不断修改编写大纲，将文献按编写大纲粗分类；③按编写大纲仔细阅读文献，进行研究（分析、比较、综合、形成编写者的观点等），进一步细化编写大纲，摘记有用材料；④正式撰写综述、述评、教材的正文；⑤修改、定稿。上述②—⑤各个步骤，其实界限是很模糊的，有时编写大纲要反复修改，并要反复地查阅所收集的文献。

若利用索引法辅助编写综述、述评和教材，则其编写过程可作如下安排：

(1)收集有关专题的文献；

(2)将收集到的文献编成题录，按著者排序，删除重复，给每篇文献编一序号；

(3)对文献边阅读、边做较详细的内容索引（类似书后索引）；

(4)将做完的内容索引按字顺排序、归并；

(5)在经过排序、归并的字顺索引的基础上，将内容索引整理成一个分类索引；

(6)再在分类索引的基础上拟订一个详细的编写大纲；

(7)按照编写大纲和分类索引并参考所收集的文献撰写综述、述评、教材的正文，最后修改、审定。

这是运用“群书索引”的原理，全面、系统地将所收集到的参考文献进行“知识整序”的方法，可使综述、述评和教材的编写过程井然有序，保证质量。

著者索引、内容字顺索引和分类索引若用数据库方式编制，可大大节约时间。

• 索引法在课题研究过程中的应用

每项科研课题的研究工作一般都是从文献普查开始的。

不管是用哪种方式获得的文献线索或文献原本，都应进行汇总，编成参考文献题录（最好是题录数据库）。题录首先按著者排序，可发现相关研究的核心著者。依据相关研究的核心著者名单，可扩大文献普查范围进行补遗。再将著者索引编序号后改按粗略分类排序（类目可按课题需要拟定），然后，对每篇文献进行浏览、

阅读和标引(做内容索引款目),或作索引式笔记,形成参考文献内容索引。

这种参考文献内容索引,不仅是研究课题开题的依据之一,而且对课题研究全过程都有参考价值。

必须注意的是,该索引需要对新发表文献不断进行跟踪和补充。

• 索引法在学术发展史研究中的应用

题录数据库一般不提供文献时序(发表年月)浏览检索途径,所以不便于学术发展史研究的利用。如果我们将一种题录数据库进行改组,在粗分类目或粗分主题后,再按发表年月排序,就可以看出一门学科、一个问题学术研究的发展脉络,可以整理出该学科或问题的学术大事记,可以找出其发展过程中的里程碑和树立里程碑的学者和文献。这种改组后的索引,可以增加一个札记字段,供利用该索引进行研究时随时作简单笔记或批注之用。

索引法作为一种研究方法,用处绝不止于以上几例,有待学者们去发掘。

写完于2004年1月5日

原载于《中国索引》2004年第2期

索引的创新

索引项的创新

索引项这一概念，是指文献中被索引对象的类称。某一文献所讨论的各个局部主题和科学概念，或文献中所涉及的地区、人物、机构、事件、生物、矿物、产品、设备、方法、工艺、公式、数据、著作等各种事项，或重要学术著作和文学作品的字词，或某一文献集合中所包含的各种文献的内容和外部特征，甚至文献间的某种关系或文献的某种功用，只要具有检索意义的，都可以作为索引项。

索引项的每一次创新，都是对文献资源中未被利用的信息成分的一种发掘，其结果是创造一种新的索引品种乃至索引类型。有些索引项的发掘具有重大意义，可以说是索引领域的一项发现或发明。例如，文献之间引证关系被发现可作为一种索引项，导致了引文索引的产生。如果我们浏览一下《中国索引综录》，就可发现，许多索引项是我们所意想不到的，当然，那已经是过去的创新了。可以肯定，还有许多的索引项有待索引工作者去发掘。

索引方法的创新

索引方法（包括标引方法）的创新，大方向是索引工作的计算机化，具体的方法则层出不穷。以自动抽词和自动分类标引方法为例，其创新就无止境。

检索新技术也在不断出现，这也可以划归索引方法的创新一类。

索引形式的创新

索引形式从手稿型、印刷型、缩微型到机读型，机读型又从磁带型、软盘型到光盘型，目前又出现存贮于服务器的网络型等。每一步发展，都是一种创新。当然，随着信息技术的发展，这种创新也会继续不断。

索引选题的创新

索引选题十分广泛，每一种人们对索引的新需要的发现，编制新的索引填补了索引领域的一个空白，都可以认为是索引选题的一种创新。万事万物，皆可索引，皆可进行索引服务。与科研、教学、管理、人们的学习和社会生活的各个方面的密切联系，是索引选题创新的源泉。

索引应用的创新

索引的功用虽然主要是帮助人们方便、有效、充分地利用文献资源，但并不仅限于此。过去，索引曾用于指导阅读、用于历史研究等。近年，发现索引的一个新应用是文献计量和情报研究。现代的索引——数据库则广泛应用于各行各业，成为管理各项工作的有力工具。索引应用的创新是促进索引事业发展的动力。

索引学的创新

索引学的创新对于推动索引的创新和索引事业的发展有重要意义。索引学创新的一项重要内容是认识了现代的索引就是数据库，从而扩展和更新传统索引的范围和内容，促进索引和索引事业的现代化。

写完于2001年7月8日

原载于《图书馆理论与实践》2002年第4期

论索引的两大基本类型

1 索引类型的基本划分

国际标准草案《文献工作——索引的编制》(ISO/TC46/WG10)于1987年提出,大约在1989年由侯汉清译成中文,正式刊载于侯汉清编著的《当代分类法主题法索引法研究》(1993年书目文献出版社)和侯汉清主编的《索引技术和索引标准》(1997年北京图书馆出版社)。

在该标准草案"5用户对索引的考虑"一章中提出索引的3种类型:(1)直接检索事实情报的索引(书后索引);(2)检索情报源的索引(论文集,例如期刊、会议录索引);(3)指向非文学作品章节的索引。由于非文学作品的一个章节相当于一篇论文,故"指向非文学作品章节的索引"实际上可以归入"检索情报源的索引"一类。由此,可以认为,一切索引都可以归入两大基本类型,即直接检索事实情报的索引和检索情报源的索引。这是索引的两大基本类型。

"直接检索事实情报的索引"和"检索情报源的索引"这两个概念非常清晰、非常准确,提出这两个概念是索引理论的进步。

许多索引学著作(其中也有国外的索引学名著)在阐述索引理论时,采取把不同种类索引的结构和编制方法掺和、叠加在一起,含糊地进行阐述,而没有把索引划分为两大基本类型,清晰指出两大基本类型索引在功用和编制方法上的重大差异。

侯汉清编著的《索引学教程》一书(1993年南京农业大学出版第18页)中提出,按照功能,索引可分为"①提供文献线索的索引;②提供事实或数据的索引;③提供原文的索引"。这显然是吸取了上述国际标准草案的观点。

也有一些著作,例如:(1)赖茂生等译自日本索引家协会1983年编的《索引编制工作手册》一书(1988年北京大学出版社12—16页)中提出,索引可分为"以杂志论文和文章为索引对象的索引"、"以某一部文献的内容为摘录对象的索引"和"Concordance(语词索引)"三类;(2)陈光祚主编的《科技文献检索》一书(1984年版上册39—40页)中提出"索引大体可分为篇目索引和内容索引两种";(3)台湾《索引编制标准》(载《索引技术与索引标准》,1997年北京图书馆出版社231—262

页)在“6 影响索引结构之要素”一章的“6.2 可索引事项之种类”一节中提到“书目性索引”和“主题性索引”两个概念。这几种著作与上述国际标准草案的提法基本一致,但均未对这两种索引类型的重大差异作出深入分析。

我以为,明确提出“直接检索事实情报的索引”和“检索情报源的索引”两个概念作为索引的两大基本类型,对索引学的深入研究具有重大指导意义。

2 两大类型索引的差异

下面对两大类型索引从功用、编制方法、使用方法等各个方面的差异列表进行分析:

	【检索情报源的索引】	【直接检索事实情报的索引】
1	收录范围是某一学科、某一专业、某一主题或某一类型的一批文献(论文)。	收录范围仅是一种图书(专著、文集)(在极少数情况下也可以是若干种图书,即群书索引)。
2	检索结果是文献线索,即指出关于检索要求有哪些文献;适合于宏观的搜寻。	检索结果是图书中符合检索要求的某一段或长或短的原文;不适合于宏观的搜寻。
3	以一种文献(一篇论文)的整体作为一个索引对象。	以图书中的某一局部内容作为一个索引对象。
4	可索引内容是:文献整体主题 + 局部主题。或者,文献外部特征(如著者、文献固有编号等)。	可索引内容是:图书局部主题 + 主题因素。
5	结构复杂,检索途径和检索方法多,如美国《化学文摘》的检索途径多达十余种。	结构简单,检索途径和检索方法少,往往只有一种,最多两三种检索途径。
6	在编制过程中有收集和选择文献的环节。	在编制过程中没有收集和选择文献的环节。
7	索引款目的成分较多:检索标识 + 文献外部特征(题名、著者、文献固有编号等) + 出处(刊名、年卷期、页码)。	索引款目的成分较少:检索标识 + 出处(页码,必要时加图书代号或书名缩写)。

（续表）

	【检索情报源的索引】	【直接检索事实情报的索引】
8	许多索引的索引款目检索标识使用索引语言（情报检索语言），对检索标识的规范化要求较高。	索引款目的检索标识一般取自图书原文，对检索标识的规范化要求不是很严格。
9	索引实体单独印刷或作成数据库。	索引实体绝大部分附于被索引的书后。
10	索引需要不断补充、积累、更新，才能保持完整。	索引相对于被索引的图书永远是完整的，故不需要补充、更新（除非图书有了新的版本）。

3 怎样命名两大索引类型

“检索情报源的索引”和“直接检索事实情报的索引”这两个概念本来是非常清晰、非常准确的，但作为一个术语，似乎有不符合简洁性的缺陷。若将其简化为“情报源索引”和“事实情报索引”，似乎还可以，但是否能得到广泛通行是一个问题。本来，检索情报源的索引有一个标准名称“题录”，但题录一词与内容索引又不对称。为了与索引学的传统衔接，似乎可除使用“情报源索引”和“事实情报索引”作正式命名外，再用“文献篇目索引”（可简称“篇目索引”）和“图书内容索引”（可简称“内容索引”）作为同义词，不知是否妥当？

4 索引学教材应强调索引两大基本类型的重大差异

从本文第2节的分析可以说明，“检索情报源的索引”和“直接检索事实情报的索引”这两个概念，乃是对于千变万化的各种索引基本属性的分水岭。

索引的功用是索引的结构设计、编制原理和编制方法的决定因素。在检索情报源的各种索引之间必然具有许多共同点又有某些差异，在直接提供事实情报的各种索引之间也必然具有许多共同点又有某些差异，将它们分别放在一起作系统研讨和阐述，就能比较容易条理分明地把索引学原理和方法讲得非常清楚明白。

下面试拟一个按索引两大基本类型分别集中各种索引作系统讲授的大纲：

《索引学基础》大纲

第一编　索引基本概念

1　索引

1.1　索引的定义

1.2　索引的功用

1.3　索引的两大基本类型

2　索引工作与索引工作者

3　索引事业

4　索引学

5　索引发展史

第二编　情报源索引(文献篇目索引)

6　情报源索引的一般结构

7　情报源索引编制的一般过程和方法

8　文献著录

9　文献标引:分类标引与分类检索语言

10　文献标引:主题标引与主题检索语言

11　索引款目的排序与汉字检字法

12　情报源索引的分类及各种索引编制中的特殊问题

13　情报源索引的质量评价

14　情报源索引的使用方法

第三编　事实情报索引(图书内容索引)

15　事实情报索引的一般结构

16　事实情报索引编制的一般过程和方法

17　事实情报的标引

18　事实情报索引的分类及各种索引编制中的特殊问题

19　事实情报索引的质量评价

第四编　索引计算机化与数据库

20　索引编排工作的计算机化

21　从文献中提取被索引概念的计算机化

22　数据库(计算机可读索引)

23　情报检索计算机化条件下“索引”概念的变化

24　数据库的检索方法

写完于 2005 年 12 月 11 日

原载于《中国索引》2006 年第 3 期

书目、题录、专著索引、文本检索系统的联系与区别

这些概念常被混淆。弄清它们之间的联系与区别,实有必要。

“书目”更多地被称为“目录”,其收录对象是书,或者说,装订成册的出版物,以“种”为著录单位。

“题录”的收录对象是期刊论文,也可以是论文集的论文,以“篇”为著录单位。题录习惯称为“论文索引”或“索引”。题录具有两重性:从其著录成分的角度看,类似目录;而从著录对象的角度看,则可以说是期刊的索引。其特点是除对论文进行目录著录外,还指出论文的所在位置(出处),一条题录类似图书目录中的一条分析款目。

“专著索引”一般称为“图书索引”、“内容索引”、“书后索引”,其著录对象是一部书(专著)中的具体内容,即其所讨论的各个局部主题,以及所涉及的各种事项(如地区、人物、机构、事件、生物、矿物、产品、设备、公式、数据、著作等),以简明的方式分别著录标引,即确定其检索标识和指出其所在位置,并将款目按一定的可检顺序排列和组织,它是一部书的不同于其目录(目次)的另一种内容排序系统。

题录与专著索引虽然习惯都称为索引,但两者在文献主题的选取上有所不同:

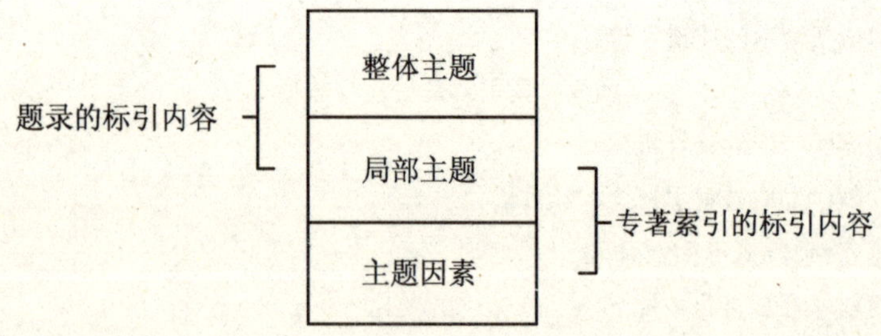

所以,两者在功用上有重大区别:题录的功用是检索情报源(文献),而专著索引的功用是直接检索情报源(主要是书)中的事实情报。

“文本检索系统”(通常称“全文检索系统”)一般包含3种检索功能:(1)在题名中检索,这相当于题录的功能;(2)在正文中检索,这相当于专著索引的功能;(3)在题名+正文中检索,这相当于题录和专著索引的双重功能。

写完于2004年11月25日

原载于《中国索引》2005年第2期

索引的结构

1　索引结构概述

本文所指的索引结构，是指传统索引（印刷型和卡片型索引）的结构。

1.1　单个索引的结构

单个索引即单一检索功能的索引，其各种构成部分可归纳为索引主体和索引附属结构两大部分。

索引主体包括：（1）索引款目（包括标目及副标目、索引地址）；（2）参照系统；（3）索引款目导引标志（如卡片式索引中的导卡和书本式索引中的分隔标志）。

索引主体是以上3种构成部分的集合，视标目的性质按分类、字顺、时序、地区、文献原始序号等顺序排列。

“标目”、“索引地址”和“序列”是索引的三要素，缺一不可，简单的索引仅有这三要素。

索引附属结构包括：（1）凡例；（2）分类表、词表、代码表；（3）检字表；（4）缩略语表；（5）文献原文（见于某些语句和字词索引），等等。

1.2　索引体系

索引体系是一部书、一种期刊或一个检索工具中多种索引互相配合的有机集合。

一部完整的索引工具，通常都是由多种索引构成的索引体系，能够提供多种需要的检索途径。

索引体系可以全部由直接索引构成，也可以由直接索引和间接索引构成。直接索引直接引向文献正文中的某一位置，间接索引（如各种各样的对照索引）则通过直接索引的款目再引向文献正文的某一位置。这里所说的文献正文，包括各种书和期刊的正文，也包括检索工具的主体部分。

1.3 索引结构示意图

索引体系
单个索引
单个索引
单个索引
单个索引
单个索引
索引主体
索引款目
标目
主标目
索引语言标目
自由标引词标目
文本关键词标目
副标目
子标题型
说明语型
限定词型
注释型
文献题名型
索引地址
参照系统
单纯参照
兼互参照
一般参照
属分参照
相关参照
索引款目导引标志
索引款目排序规则
分类排序规则
字顺排序规则
时序排序规则
地区排序规则
其他排序规则
索引附属结构
凡例
分类表、词表、代码表
检字表
其他
单个索引（如分类索引、主题索引、著者索引、题名索引、人名索引、地名索引等单一检索功能索引）

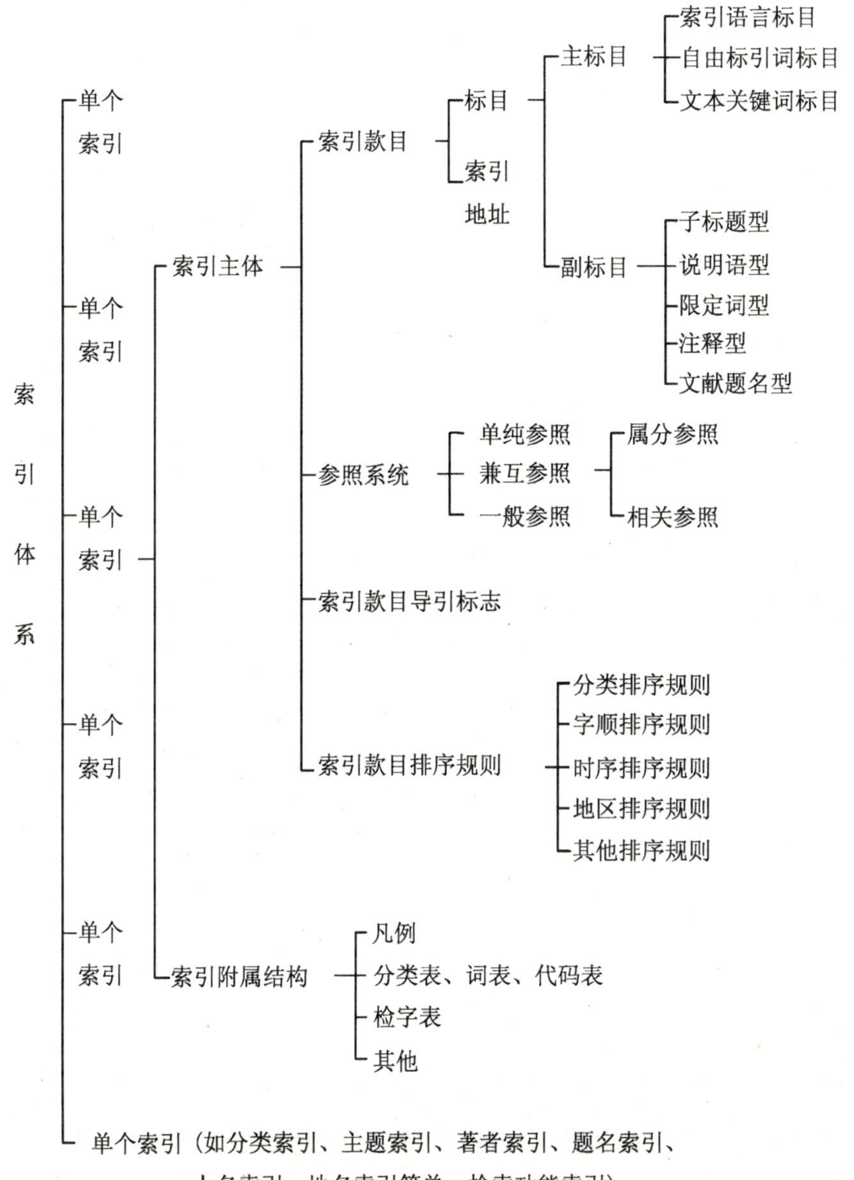

2　索引款目

一部索引是一个个索引款目的有序集合，索引款目是构成索引的基础。

2.1　索引款目的成分

索引款目由索引标目和索引地址（也称出处，简称地址）两部分组成。

索引标目又可分为主标目和副标目。主标目揭示被索引概念（文献主题）或项目的核心部分，并决定索引款目的排列位置和检索入口。副标目从属于主标目，其作用是使索引标目含义更为具体、专指。子标题、说明语、限定词、注释以及显题结构索引中的文献题名等，都起着副标目的作用。

索引主标目可以是：(1)索引语言（情报检索语言）；(2)自由标引词；(3)文献文本中的关键词。

索引地址指示被索引概念或项目在文献正文中的位置，是索引与文献正文之间、间接索引与直接索引之间的联结手段。可以作为直接索引的索引地址（出处）的有：(1)文献页码和栏码或版面地位符号；(2)检索工具中文献款目的序号；(3)检索工具正文中据以排列文献款目的标目；(4)刊名编码（CODEN码）；(5)文献排架号（性质与文献款目序号基本相同）。可以作为间接索引的索引地址的是直接索引的标目。

文献序号前的文献类型冠号，如B、P、R等，不属于索引地址的构成部分。

2.2　索引款目的格式

主标目总是置于索引款目的起始部分（但上下文关键词索引除外）。

同一主标目下的各个副标目可分行书写，乃至排成等级形式，也可连续书写，中间用逗号或分号隔开。

索引地址相应地置于副标目后。若无副标目，则置于主标目后。

对索引款目格式的要求是醒目、易读、美观、整齐和节约版面。

索引款目可使用省字符（如合著者用“+”号代替）及其他符号。

3　索引中的参照系统

参照系统有下列功用：

(1)可以使索引内的款目联成网络，显示它们之间的关系，具有提示作用，为全、准、快地检索创造条件；

(2)提供间接的检索入口(如各种等同关系词的参照、专指词→泛指词的参照等)；

(3)以节省篇幅的方式指示相关文献。

总之，有了参照，索引才显得完整、完满。

参照可分为：①直接参照，用于显示概念之间的等同关系，从不用以标引的名称引向用以标引的名称；②兼互参照，用于显示两个相关的概念，又可分为属分参照和相关参照两种；③一般参照，是一种说明性质的参照，指示检索方法。

各种索引都可以有参照。索引中一般没有单向参照的反参照，但公务索引中可以有反参照。

参照可以：指向标目，指向副标目或指向具体文献。

4 索引的附属结构

4.1 凡例

这是索引的编制说明，是利用索引的钥匙，极为重要。索引应当有凡例。

凡例的内容可包括：(1)本索引的用途；(2)收录范围；(3)著录项目；(4)参照系统；(5)格式；(6)排列方法；(7)符号含义；(8)查阅方法；(9)对所用检索语言的详细说明。必要时可附图例说明。

为节省篇幅，凡例一般只在分为多册的索引的第一册，检索期刊一年或一卷的第一期刊载。

如果是一个索引体系，还可以有总说明。

4.2 分类表、词表、代码表

分类表是分类索引所不可缺少的。但分类表的详简程度可随具体需要而定。在分类索引作为检索工具正文的情况下，分类表常与目次合而为一。

词表一般是若干年提供一次(常单独成册)。有的检索工具不提供一般的词表，而是提供主题指南。

有的检索工具在正文内不做参照，用分类表或词表的参照来代替，叫做外参照系统。

4.3 检字表

中文的各种字顺索引需要检字表。最好有多种检字表,以提供多种检字法。

4.4 其他

如缩略语表、机构名称简称与全称对照表、各种版本页码推算法或对照表等。

此外,中文古籍的语词索引有的附有原文,古诗词索引一般也附有原文。

5 先组式索引与后组式索引的比较

先组式索引是指索引标目相对于文献主题概念是具体、完整的,所以它可以直接引向被索引的主题概念或项目在文献中的位置。

后组式索引是指索引标目相对于文献主题概念的一个构成因素,而不是一个完整的主题概念,所以它需要经过概念因素的组合(组配),即从多个索引款目中找出共同的索引地址,才能引向被索引的主题概念或项目在文献中的位置。

常见的索引形式都是先组式索引。后组式索引比较少见,其采用的载体和形式有比号卡索引、比孔卡索引、某些穿孔卡索引、书本式比号索引、表式组配索引等。

后组式索引检索比较灵活,可以任意选择检索的专指度,任意扩大、缩小或改变检索范围,达到较高的检全率和检准率。先组式的分类索引也可达到较高的检全率和检准率,但如果分类较粗则不能达到较高的检准率;先组式主题索引如果主题标目专指度较高则可达到较高的检准率,但一般不易达到较高的检全率。

先组式索引操作简明、直观性好并便于浏览,后组式索引操作较复杂、直观性差并不便于浏览。

6 显标结构索引与隐标结构索引的比较

显标结构索引是将给予某一文献的多个标目的标目词全部附注在每一条题录式索引款目上的一种索引款目形式(类似文献款目中的"检索点"),其作用是可以代替简介或文摘,并且按所列出的标目词可用于进行追溯扩检。隐标结构索引是每条题录式索引款目只著录一个检索标目的索引款目形式,因而也没有显标结构索引的那种功能,但比较节约印刷型索引的篇幅。一般的索引都是隐标结构索引。

7 显题结构索引与隐题结构索引的比较

显题结构索引是在书本式检索工具的辅助索引中,索引款目后除索引地址外还注出文献题名(或其缩略)乃至著者名的索引款目形式,它等于说明语,在未看正文前即可进行筛选,检索比较方便,缺点是占篇幅较大,增加成本。隐题结构索引不注出文献题名等,比较节约篇幅,但标目须较专指,否则筛选不便。

写完于2001年2月18日
原载于《图书馆学刊》2002年第1期

论索引项

索引项是索引功能的基础

索引项这一概念,是指文献中被索引对象的类称。

某一文献所讨论的各个局部主题和科学概念,或文献中所涉及的地区、人物、机构、事件、生物、矿物、产品、设备、方法、工艺、公式、数据、著作等各种事项,或重要学术著作和文学作品的字词,或某一文献集合中所包含的各种文献的内容和外部特征,甚至文献间的某种关系或文献的某种功用,只要具有检索意义的,都可以作为索引项。

索引项的书面形式就是检索标识,也叫索引标目。检索标识可以是自然语言,也可以是人工语言(即索引语言、情报检索语言)。检索标识和相应出处构成索引款目。一个索引实体就是其全部索引款目的有序集合。

一种文献的内容,或一个文献集合中个别文献的特征,正是借助于各种索引项的书面形式而被详细地揭示出来,提供各种检索途径,以供读者方便地查检和利用的。

每一种索引项提供一种检索途径,回答某种检索提问。只含有一种索引项的索引称为单一索引或专门索引,含有多种索引项的索引称为综合索引或普通索引。多种单一索引(有时也可以包括一个综合索引)的有机集合称为索引体系。索引体系与单个互不联系的索引相比,至少可在同等功能的情况下减少索引数据的冗余量,有时还可产生更多的功能。

索引或索引体系的功能决定于它所包含的索引项的数量及其具体种类。一个索引或索引体系所包含的索引项种数越多,越是与读者的需求对口,则索引的功能越多,作用越大。反之,如果仅包含一两种索引项,而且如果那一两种索引项又是与读者的需求并非最为对口,那么,该索引或索引体系的功能必然有限,不可能起大的作用。

索引项来自索引源

索引总是与被索引的某种文献或某个文献集合相配合的,索引项只可能来自文献,所以,被索引的文献是索引项的来源,即索引源。索引项不能揭示文献中不存在的东西。

文献中可作为索引项的内容或形式特征是很多的,但并不是所有的内容和形式特征都必须作为索引项。也就是说,有些内容或形式特征作为索引项的检索意义不大,甚至根本没有检索意义。所以,对索引项必须进行选择。应该作索引项的没有作索引项,或不应该作索引项的作了索引项,都不能充分发挥索引的作用。

文献的内容或形式特征是否应该作为索引项,取决于:(1)文献的学科性质或其他特点;(2)文献的质量或使用价值;(3)读者或服务对象的需要。

例如,在历史文献中十分有必要以人名作为索引项,而在科技文献中则一般不需以其中涉及的人名作为索引项;被引用的成语典故在某些经典著作中可以作为索引项,而在一般著作中没有必要作为一种索引项;可以为《红楼梦》编制一个人物索引,但没有必要为一般文学作品编制人物索引;商品名索引在仅供科研人员使用的索引中不必作为索引项,但在供广大读者使用的索引中可以作为索引项。

在学术著作和工具书中,应有较多的内容作为索引项。对于普及读物和儿童读物等,不大需要作索引。

在一个专业单位,对于与本专业关系不大的文献内容或形式特征,一般可不作为索引项。

若是只编一个综合索引,一般较多考虑被索引内容的重要性,较少考虑索引项的种类。若编制一种专门索引,则要慎重考虑提供该索引项的必要性。

某些种索引项具有普遍需要性,如著者、主题等,但其他种类繁多的索引项,则应视文献内容、类型、价值和读者需要而定取舍。

索引是揭示文献中有检索意义的内容的工具。所以,要针对被索引文献的具体情况并结合读者的检索需要,选出合适的索引项,为其配备适用的索引。

索引项的发掘

索引项来自索引源即被索引的文献。但是,文献中可以作为索引项的内容或形式特征并非都是显而易见的,有些可以说是隐含的。索引学研究的重要内容之一,就是要发掘新的索引项。一种新的索引项被发掘出来,就是一个索引新品种的开发。有些索引项的发掘具有重大意义,可以说是索引领域的一项发现或发明。例如,文献之间的引证关系作为一种索引项(引文索引),就是索引领域的一项重大发明,其意义十分深远。

索引项的发掘者对文献的内容和可能的用途以及读者的需求应有深入的了解,有较丰富的索引知识,以及别出心裁的思维方法。把文献的数量关系作为一种索引项引入书本式索引,使文献索引与文献计量相结合,也可作为在新索引项的发掘中需要别出心裁的一个例子。在索引领域,有时正需要“巧立名目”。当然,必须符合读者需要并考虑成本效益。

索引技术发展到今天,已有许多的索引项被发掘出来并得到或浅或深的研究,形成了种类繁多的索引。但可以肯定,还有许多索引项有待索引工作者去发掘。有些索引项普遍存在于各种文献之中,但大多数索引项仅仅存在于某种学科、某种类型的文献之中。所以,首先要对各种学科、各种类型的文献分别进行研究,从中发掘特殊的索引项。例如,我曾对工具书作过研究,发现工具书的“查考功能”可以作为索引项,而且是比其他索引项对于工具书资源的开发更为有效的索引项,从而提出了“工具书功能索引”的概念和方法。

有些在个别学科、个别类型文献中发掘出来的索引项,后来发现也适用于其他学科或类型的文献,从而得到更广泛的推广应用。

索引项的发掘除了寻找出新的可以作为索引项的文献内容或形式特征等之外,还须研究为其标引的方法和规则,并在索引编制过程中逐步完善。此外,还应开拓新索引项的多种用途。

索引项是索引结构的决定因素

索引的结构有两层意思,一是指单个索引的结构,一是指索引体系的结构。索引项无论是对单个索引的结构,还是对索引体系的结构来说,都是决定的因素。

例如,以文句中的字词作为索引项时,最能实现其功能的结构形式是将一个完整文句中的字词进行轮排;以题名中的关键词作为索引项时,最能实现其功能的结构形式是将题名中的其他词一起进行轮排;以化合物分子式作为索引项时,应把分子式处理成一种易排易检的结构形式;以著者作为索引项时,其合理的结构形式是姓在前名在后;以引用关系作为索引项时,最合理的形式是在被引文献之下列出引用文献,等等。

如果是一个索引体系,则应使其中的各种索引不要形成并行的互不关联的结构形式,而要形成互相之间有机联系的结构形式,其中有的索引作为直接索引,有的索引作为间接索引,著录项目尽量减少重复,而从一个索引转到另一个索引又相当方便。

如果两项或多项索引内容均可从同一检索标识导出，则其中的一项或多项可作为寄生索引项。有时可通过两个索引项的关联（组配）而产生新的索引功能，揭示出文献中隐含的信息。

索引项的确定和合理安排是索引设计的核心

索引设计的核心就是针对有关的索引源结合读者的需要选择和发掘索引项，然后将确定的索引项进行合理的安排。

选择和发掘索引项，就是要尽可能地把文献中对读者有检索意义的内容和形式特征等揭示出来，提供查检的途径。这个问题看来似乎很简单，但很多索引编制者往往忽略这一点，认为把文献的清单略加分类编排奉献给读者就可以了，而没有去仔细考虑读者利用那样的索引效果会怎样。索引的目的是帮助读者事半功倍地利用文献资源。选择较多的索引项以提供多种检索途径，正是为了实现这个目的。

在确定了索引项之后，就要进行索引的结构设计，对各种索引项作出合理的、精心的安排，使索引非常完满、精致，而且从成本—效益的角度看，也是很合理的，这样的设计才算成功。

参考文献

[1]黄恩祝. 索引因子说. 江苏图书馆学报，1987(2)：42－43

[2]张琪玉. 工具书功能索引——关于编制“工具书之工具书”的设想. 图书馆杂志，1992(2)：22－25

[3]张琪玉. 一个精心设计的索引体系——《唐宋名家词检索大全》. 上海高校图书情报学刊，1993(4)：49－50

写完于1994年6月11日

原载于《图书馆杂志》1994年第5期

索引和数据库的选题与设计

索引和数据库选题的原则

选题是索引和数据库编制工作的重要一环，正确的选题是索引成功的前提。选题应遵循下列原则：

文献价值原则。指为哪些文献编制索引或数据库。索引的价值首先在于被收录的文献的价值，或者说，索引和数据库价值的大小首先决定于被收录文献价值的大小。

用户需要原则。指估计未来用户对拟编索引或数据库的需要程度，或者说使用程度。用户需要应放在现实社会需要中来考虑。用户需要原则实际上是一个成本—效益的问题。当然，这里所指的效益主要是社会效益，因为编制索引和数据库很多不是商业行为（但也允许是商业行为）。配合研究课题编制的索引和数据库，其使用率较低，但效益往往很高，是一个例外。

可能性原则。例如，被收录文献源是否有保障、编制的人力、经费是否有保障、时间是否允许（有些索引或数据库有时间性）等。

编制人员能胜任原则。索引和数据库的编制工作并不像对其不了解者以为的那样是一项很简单的工作，文献的选择和标引作业需要编制者具备一定的专业知识（相应学科知识和文献标引知识）。当然，不具备这些知识也是可以学习的，但没有这方面的知识是编不好索引和数据库的。

索引和数据库选题的广泛性与类型的多样性

可以编制索引和数据库的文献，其学科或主题领域及文献类型极其广泛，事实上在于选题者是否有洞察力和发掘能力。可以作索引和数据库的资源是很多的，看一下卢正言主编的《中国索引总录》一书中五彩缤纷的选题，一定会得到许多启发。

索引和数据库选题时的着眼点，主要是文献内容（和类型）在当时的索引价值，以及与索引类型（和数据库类型）的配合。索引类型极多（参看张琪玉《情报语言学词典》224—228 页),与文献内容一配合,就可以千变万化。再用索引与数据库四条选题原则一筛选,终能找到合适的选题。

在确定选题后,应对所要编制的索引或数据库的用户对象、收录范围和规模、索引或数据库类型等有个明确规定。

索引和数据库的设计

设计是索引和数据库编制工作的另一重要环节。精心选题,精心设计,精心编制,就能编出索引和数据库的精品。

索引和数据库的命名

命名是索引和数据库设计的一部分。应当给所要编制的索引或数据库取一个能正确、充分反映其内容、范围、功能特点的题名,这是对用户负责的态度。虽吸引人但与索引和数据库的内容、范围、功能特点不符的题名并不可取。

索引和数据库的功能设计

索引和数据库的功能设计,是明确规定所要编制的索引或数据库向用户提供哪些检索功能,即检索途径和相关信息(如全文、附录中的信息)。

一种索引或数据库所能提供的检索途径和相关信息种类越多,特别是对所编制的索引或数据库的内容来说必要的检索途径全备,将会提高其使用价值。

索引和数据库功能设计的要点,就是充分地、有效地挖掘被收录文献的使用价值。被收录文献的可索引项(或者说可作为检索途径的对象)可能很多,要根据具体需要,加以选择取舍,而并不是越多越好,否则便会画蛇添足,造成白费工本。

是否要提供附属结构或附录以及提供什么样的附属结构或附录,也属于功能设计。

索引和数据库的结构设计

索引和数据库的结构是由其功能要求决定的,是实现其设计功能的手段。

索引和数据库的结构设计就是规定其索引项或字段,使用何种索引语言,条目的形式或字段的著录格式,索引深度(或称标引深度),印刷型索引的多个索引之间的联系,排检法等。

对索引深度(标引深度)不可能作硬性的量化,但又不能是各种文献、各种索引和数据库的索引深度千篇一律，作任意处置，而应视具体需要有个指导性的规定。

数据库设计中的一个重要问题，是数据库检索软件的设计，要能充分发挥其所蕴含的检索功能，以及数据库的易用性。

索引和数据库的形式设计

索引和数据库的形式设计主要是确定采用什么载体形式，如印刷型（单卷式、期刊式、附录式）、光盘（过去还有磁带、软盘、缩微片）以及上网等。当然也包括排版格式、显示形式等的设计。

索引和数据库的积累、更新方式也包括在形式设计中。

索引和数据库的编制方式和编制流程设计

索引和数据库的编制方式可分为手工编制、人机结合编制和自动编制。

目前，即使印刷型的索引，也很少完全用手工编制了。印刷型索引也是首先制作成数据库，然后再从数据库生成印刷用版来印制索引。

过去在编制数据库时往往先打好"草稿"（填标引工作单），再输入计算机，现在这一步也逐步被联机编制代替了。只是标引人员若不会操作计算机（很少），那还得打"草稿"。在编制数据库时，标引过程则又可以区分为人工标引和自动标引两种。自动标引虽速度极快，但标引质量不高。

计算机编制索引和数据库，即使采用自动标引方法，也必须人工输入文献著录基本数据，从这个意义来说，各种编制方式都是"人机结合"的。目前，所谓"人机结合"编制索引和数据库，是专指标引操作由人和计算机共同来完成。

编制流程一般包括准备工作、编制软件（也可利用现成软件）、实际编制作业（著录、标引、校对）、汇总（如果分散编制的话）、最后审定、生产复本（如光盘）或印刷本等环节。

索引和数据库编制工作的组织

假如索引或数据库需要多人参与编制，就存在一个工作组织问题，对各人的分工和进度应作出规定，并要定出工作规范，以统一各人的具体做法。

参考文献

[1]卢正言．中国索引总录．上海辞书出版社，2000.7：398

[2]张琪玉．情报语言学词典．北京图书馆出版社，2000.7：386

[3]张琪玉. 现代的索引就是数据库. 图书馆杂志,2001(12)
[4]张琪玉. 论索引项. 图书馆杂志,1994(5)
[5]张琪玉. 索引的结构. 图书馆学刊,2002(1)
[6]张琪玉. 关于索引学研究和索引工作开展的设想与建议. 江苏图书馆学报,1993(1)
[7]张琪玉. 一个精心设计的索引体系. 上海高校图书情报学刊,1993(4)
[8]张琪玉. 推广文献索引计算机编制法是促进我国索引事业发展的一项重要措施. 图书与情报,1996(4)
[9]张琪玉. 索引的创新(情报语言漫笔). 待发表
[10]张琪玉. 标引深度(情报语言漫笔). 图书馆理论与实践,2002(1)

写完于2002年3月22日
原载于《图书馆学刊》2002年第5期

目录的特征

——谈谈充分发挥书目检索工具的作用

在今天，我们如果不借助于书目检索工具，要想在茫茫无际的图书文献海洋中全、快、精、准地找到所需要的资料，极其困难。书目检索工具对于读者和图书馆工作者，犹如罗盘对于航海家一样重要。但是，就书目检索工具本身来看，数量很大，种类繁多，内容复杂，利用起来并不十分容易。在检索文献时，很需要“目录的目录”这种工具，借以首先掌握线索的线索，即根据检索的目的和要求，准确地把能够解决问题的检索工具选出来，然后再进行仔细的检索。

本文想就书目检索工具的特征，谈谈“目录的目录”（卡片式的和书本式的）编制方法的改进问题。从充分发挥书目检索工具的作用来看，这个问题是需要加以研究的。

图书馆习惯的编目办法，是把专书形式的书目检索工具作为书籍编入书籍目录，把专刊形式的书目检索工具作为期刊编入期刊目录，而且还按著录所用的文字分别处理。至于作为期刊的专栏、作为专文和专著的附录等刊载在各种书刊中的目录资料，一般都没有编制分析款目在目录中反映出来。可见，书目检索工具在图书馆目录中的反映是很分散的。这样，在检索文献时，就不能够把一切有用的目录资源都充分地利用起来。北京图书馆在1962年编印的《馆藏无线电电子学检索性书刊展览目录》，其中著录了多种形式、多种文字的书目检索工具，比较全面地提供了有关该学科文献的查找线索，这种做法是很好的。目录资源较多的图书馆编制一套“目录的目录”，把一切有参考价值的书目检索工具和目录资料都集中反映在这个目录中，是很有必要的。

书目检索工具的特征是多种多样的（那些特征将在下面一一列举），各种特征对于文献检索都有一定的意义。传统的分类法只可能采用几种主要特征作为书目检索工具的分类标准，而不可能把所有各种特征全面地揭示出来。然而，在检索文献时，却正是需要根据检索的目的和要求，选择兼具某些特征的书目检索工具。北京图书馆编有一套化学化工方面检索类刊物的内容索引卡片，对各个比较细小的学科和主题都编制一张卡片，注明在何种检索类刊物中可以查找到有关的文献。这也是一个有意义的尝试，在书目检索工具的分类上前进了一步。这一方法，在编制"目录的目录"时，是应当吸取的。但是，这样做只能满足从学科或主题的角度来检索文献的要求，对于其他要求，还是不能很好满足的。

从书目检索工具的特征看，在编制"目录的目录"时，比较理想的方法是组配索引法*。采用这种方法，在检索文献时，就可以根据需要将各种特征进行任意组配，从而把能够满足检索要求的书目检索工具准确地选择出来，并安排一个合理的检索程序——从最简捷、最有效的途径着手检索。

下面简单地谈谈具体的做法：

用组配索引法组织"目录的目录"的主要之点，就是对书目检索工具的特征进行全面的分析。书目检索工具的特征可以归纳为两部分：一部分是由其所收录的图书文献的情况决定的，包括收录图书文献的(1)学科或主题、(2)出版年代、(3)国别、(4)文种、(5)类型、(6)著者、(7)出版者、(8)收藏者等；另一部分是由其本身的情况决定的，包括书目检索工具的(9)类型、(10)著录文字、(11)编排法(即提供哪些检索途径)、(12)编辑年代、(13)编辑者、(14)用途、(15)质量等。把以上15类特征分别编制15种特征分类表，其中第一种特征表可以直接选用某一种图书文献分类法，其余14种特征分类表，一部分可预先编好，另一部分则可在工作中逐渐积累而成。

有了特征分类表，我们就可据以对每一种书目检索工具进行分析了。经过全面的分析鉴定，把一种书目检索工具的各个对文献检索有意义的(而不是全部)特征都一一列举出来。下一步工作就是把分析出来的特征转录到特征卡片上。每一张卡片著录一种特征，卡片分为10栏，用0至9表示。每一种书目检索工具都要编一个顺序号(相应的还需要一套按顺序号排的登记目录)。如果一种书目检索工具有某个特征，就把著录该特征的那张卡片找出来，将其顺序号依据尾数转抄到卡片上对应号码的那一栏即可。

文献检索的步骤大致如下：首先查明检索的目的和要求，以确定具有哪些特征的书目检索工具对此次文献检索是有用的，把著录那些特征的卡片一一抽出，互相组配(比较)，凡在各张卡片上都有的相同的号码，即是对此次检索有用的书目检索工具的顺序号，按顺序号查明是何种书目检索工具，从书架上取下来，逐一仔细查阅。

检索开始时，可选择最合乎理想的检索工具，以便迅速地查找到需要的文献。如果需要的文献查找不到或找到不多，可用减少特征和更换特征的办法再选出一

---

* 关于组配索引法，在科学技术情报工作的书刊中可以找到许多介绍和研究的文章，所以不在这里多谈。组配索引法有比号法和比孔法两种，原理是相同的。本文中所指的是比号法。

些检索工具，以扩大查找范围。

用组配索引法编制的“目录的目录”，十分灵活，在检索文献时，可以准确地把适用的检索工具选出来，并把不适用的检索工具剔除掉，从而能迅速地完成检索任务。同时，因为它能全面地揭示出每一种检索工具的特征，从而有助于充分发挥书目检索工具的作用。但是，编制这种“目录的目录”费力较多，如果能以书本形式出版，那就更好了。

写完于1964年7月2日

原载于《图书馆》1964年第4期

新型文献索引

在现阶段,目录工作与情报工作共同向各知识领域的科学工作者和专家们提供有关新出版物的情报。如果对这两项工作进行合理的协调,必将有助于科学的不断发展。这种协调还意味着各专业领域相互交流工作方法与技术设备。

各种目录索引是在长期的目录工作中形成的,虽说其种类繁多,可是在本质上却有着某些共同点。其中有优点也有缺点。共同缺点之一是编印时间过长,原因是编制索引的劳动量极大,而目前还不能全部实行机械化和自动化。此外,科学情报事业的发展,不断提出新的要求,而这些要求,用传统的索引是不能满足的。

在科学情报工作方面,已创造了一些新型索引,其中包括上下文关键词索引、关键词索引、主题索引、表式索引、引文索引等。这些索引的特点在于广泛采用机械设备和电子计算机编制,下面对这几种索引分别加以介绍。

上下文关键词索引

为了加速索引的编制工作,必须从文章本身抽取重要词汇,而不是依判断为基础来编制索引。关键词字顺表可能是快速编排索引最简单的形式。其实质是将选出的关键词与其邻近词一同标出。后者的作用类似修饰语,有助于揭示所用关键词的特指意义。这种关键词索引早已在文学作品索引工作中采用,它的优点是:(1)由于采用机器编制因而非常迅速;(2)通过自动处理可以达到很高的引得深度;(3)允许主题部分相互交叉,这是一般程序无法实现的;4)为职业编目人员及索引工作者奠定了编辑参考资料的基础。

目前世界上出版的上下文关键词索引已有60多种。1958年美国利用电子计算机编制了第一批上下文关键词索引。1961年美国《化学文摘》编辑部开始出版上下文关键词索引《化学题录》,创刊几年来,受到了读者好评。利用IBM－704型电子数字计算机编排125页(2850条标题)的一期《化学题录》需要2.5—3个机器工作小时。将情报从穿孔卡片转录到磁带上和打印表式底稿约需2小时。所以在1961年,利用准备好的大批穿孔卡片编制一期《化学题录》所需时间不超过5小时。几年来,该刊的编辑工作又有所改进,所需时间又有显著减少。

不过这种索引也有一些缺点,例如某些标题未能充分反映文章的内容,有时用同义的关键词作为索引中独立的主题标目。所以在检索情报时,就不得不查阅索引的全部同义关键词的上下文,从而大大地减慢了检索速度,同时可能造成大量漏检。此外这种索引不能表示出各个标题的关键词之间所存在的类缘关系,这也会导致漏检。

关键词索引

这种类型的索引也称为没有上下文的关键词索引。它和上下文关键词索引一样,是利用文献标题中的关键词作为主题标目的一种索引。它的优点是索引中文字的排印符合阅读习惯,并提供了更为完整的上下文,缺点是反映同等数量的文献要占用大得多的篇幅。

这种索引也是用电子数字计算机来编制的,所以得到了普遍推广。1963 年美国文摘期刊《应用力学评论》编辑部为该刊 1962 年全年份编制了这种类型的字顺主题索引。该文摘收录了大约 8000 篇文献,其索引的篇幅约占 600 页。据初步计算,在采用 IBM - 1401 型电子数字计算机和作者、标题、编号等的穿孔卡片的条件下,编制一期关键词索引,大约需要 20 个机器工作小时。

主题索引

美国国家医学图书馆出版的《医学索引》引起了人们很大注意。在索引中提供了完整的文献题录(每条篇幅约 250 个印刷符号)。各条题录排印在总共 6380 个主题类目的后面。每一篇文献平均在 8—10 个不同的主题类目下被反映出来。文献的题录和反映该文献内容的主题标目一起被记录到穿孔纸带上;经过校对后,再将情报从穿孔纸带转录到 H - 800 型电子数字计算机外部存贮器的磁带上。

临近出版日期时,就将记录在磁带上的情报进行自动处理,并将准备好的索引正文记录到另一条磁带上,再将磁带送入 GRACE 型专用照相排字机。该排字机的工作速度是每秒 300 个字符。编制 600 页篇幅(14 000 条题录)的一期《医学索引》,包括校对穿孔纸带和排印工作,共需要 5 天时间。

记录在 H - 800 型电子数字计算机外部存贮器中的情报,以后还可用于情报检索。编制《医学索引》的方法,是把快速传播题录情报和文献情报检索的问题结合起来解决的一个很好的范例。

表式索引

表式索引(英文名为“Scan-Column indexes”)是一种以书本形式出版的最简单

的文献情报检索系统。这种索引采用组配索引法，其中，文献的基本内容是以适当的描述词，即从专门编制的标准词典（词表）中选出的自然语言的词或词组的形式表述出来。描述文献基本内容的一系列描述词称为这篇文献的检索标志。

情报的检索程序，是将文献的检索标志与给出的检索命题，即描述所需情报的含义的一系列描述词进行比较。如果文献的检索标志与检索命题完全或部分相同，则可认为这篇文献是符合情报需要的。为了加速文献检索标志与检索命题的比较过程，采用从单元词卡、手工穿孔卡起直到高速电子数字计算机为止的各种技术设备。在表式索引中，这一过程是用视觉来完成的。

在表式索引中检索情报的方法，如下所述。首先，按检索命题中第一个描述词的代号来查阅索引。如果在一栏的某一行中包含有这一代号，那么就要检查在该行中是否还有检索命题的其他一些代号。如果检索命题的全部代号与该行检索标志的各个代号完全符合，那么这一行的文献序号所指明的就是要找的那篇文献的出处。

这种索引在荷兰专利局内已经使用了将近 35 年。它被用于审查某些技术部门提出的专利申请书。在按一个描述词检索情报时，每小时有可能查找到约 1000 篇文献，情报的完备程度可达 75% 左右。

表式索引的特点是紧凑而简单，便于积累和出版，它的缺点是查阅工作十分烦琐。

引文索引

科研人员经常引用研究相同问题的前辈的著作。所以期刊论文和书籍中的参考文献目录早已成为重要的情报来源。以 1941—1960 年间发表的有关核酸发现问题的文章为例，可以看出 15 篇论文互相引用的情况。

把文献的引用书目加以系统整理，找出各种文献的书目联系方法，有可能把与本身不很相近的各个主题或问题之间的内在联系表示出来。引文索引便是在应用文献书目的联系方法的基础上形成的。

阐述各种不同问题的科学文献的作者可能引用同一篇文献，被引用的这篇文献，就可作为检索文献，引用论文则可视作来源文献。引文索引是按检索文献（被引文献）排列的。将来任何一篇来源文献都可能成为被引文献。编索引时，正阅读的一篇文章可以作为来源文献被引用。在这篇文章末尾所附“参考文献”栏内的各篇文章，在引文索引中，都将作为一条条“检索”文献的款目排列在首栏内，而本文的题目，则将在所有这文献的款目下出现。同时，这篇文章也将相应的在引文索引中作为检索文献在首栏内出现。

美国某些科研机构试编了几种不同学科的引文索引，诸如统计学、原子能、心理学、物理学和相关领域的引文索引。

美国费城科学情报研究社在1964年经过广泛实验开始正式出版《科学引文索引》。该索引收录了30个国家的600种重要期刊上所有自然科学和应用科学的引文以及美国当年的专利说明书（约5万份）中的全部引文。该索引由两部分组成：《被引论文索引》和《引用论文索引》。每一部分都分为4册（3册季度索引，1册年度索引）出版。

不过《科学引文索引》并没有代替各种传统索引的功能。它的特点是按作者特征进行编排，可以答复各种专题性的咨询。它的优点：首先是可能彻底研究不同作者的著作中所反映的学术思想的发展过程；其次是不依赖于任何一种分类体系。目前所有的分类体系都是不完善的，而分类过程又与工作人员的工作能力有关。而在引文索引中，某篇论文所讨论的某一问题的各种关系都是由科学家，即引用论文的作者们自己来判断。某一篇论文被引用的次数客观地说明了它的重要性。该索引的第三个优点是可以采用计算机来编制，所以速度很快。至于它的缺点，主要有以下几个：(1)有时作者引用文献只是为了表明自己博学，所以有些著作受到欢迎，多次被引用的情况有一定的虚假成分；(2)为了节约索引篇幅，而导致了文献著录不完备，例如缺少文献名称，索引的第二部分《引用论文索引》虽多少弥补了这一缺点，但总的说来却使检索过程的索引编制工作更加复杂化了；(3)因为必须多次重复地反映同一篇文献而使索引的篇幅过大，这也决定了编制的工作量极大和索引的价格高昂；(4)作者的姓名完全用英语拼音。由于没有统一的译音规范，所以，同一个作者姓名就可能有几种不同译法，从而造成混乱，现在一篇文章的作者往往是几个人，而索引中只反映排在前面的一个作者，这也有失真实。

综上所述，以上各种类型的目录索引只是第一批自动化编制的索引，并且还远不是十分完善的。采用电子数字计算机编制目录索引，有可能在很短的期限内，几乎在没有人参与的情况下，处理大量的书目著录。这是新型索引的重大特征。同时不能不指出，它们在许多方面还不如各种传统的目录索引。现在，各国的情报工作人员都在努力改进这些用机械编制的索引。目录工作者参与这项工作，将会大大促进这项工作的发展。

译于1966年2月11日—3月5日

原载于《综合科技动态 情报工作》1966年第5期

四种索引标准综述

《索引技术与索引标准》(《索引研究论丛》第四辑,侯汉清主编,北京图书馆出版社 1997 年 10 月出版)一书载有下列 4 种索引标准:

(1)国际标准草案:文献工作——索引的编制;

(2)中国台湾标准:索引编制标准;

(3)美国国家标准:图书馆学、情报学及出版工作——索引的基本标准;

(4)英国国家标准:图书、期刊及其他文献索引的编制。

本文是对这 4 种标准的内容的综述。

1 四种索引标准内容的归纳

四种索引标准的章节结构无法对应,其内容大致可归纳如下:

(1)标准适用范围;

(2)术语定义;

(3)索引的功用;

(4)索引的种类;

(5)索引的收录范围;

(6)索引款目的结构和编制法;

(7)索引款目的排序;

(8)参照系统;

(9)索引的版面设计;

(10)索引的质量标准;

(11)对索引员的要求。

2 标准适用范围

四种标准的适用范围是基本一致的,即都是向编辑者和出版者提供编制出版物索引所需的一般规则,对于各种类型索引的编制细节及技巧则不在该类标准的范围之内。该类标准适用于人工编制的和非人工编制的各种载体形式的索引。

应当注意的是，以上 4 种索引标准，内容都偏重于专著索引（即图书索引、书后索引）的编制，涉及题录式索引的编制法的内容较少。

3 术语定义

四种标准所罗列的术语共有 37 个：

国际标准	中国台湾标准	美国标准	英国标准
索引	索引	索引	索引
总索引			
专门索引			
累积索引			
索引款目	款目	款目	款目
索引标目	标目	标目	标目
	检索点	检索点	
			主标目
索引副标目	副标目	副标目、细分	副标目
	修饰语	说明语	
限义词		限定词	
	联缀		
	职分		
出处项	资料出处标示	出处	出处
交互参照	参照	交互参照	交互参照
见参照			见参照
参见参照			参见参照
范围注释	范围注	范围注	
	限定语解说注		
	追寻	根查	
		语词	语词
			关键词

（续表）

国际标准	中国台湾标准	美国标准	英国标准
		词汇控制	
	权威档	规范档	
	词汇	受控词表	
			叙词表
叙词			
		非控词表	
		人口词表	
		先组式索引	
		后组式索引	
	回现率		
	精确率		
文献			文献
		信息集合体	
		项目	
文献工作			

从以上可见，“索引”、“款目”、“标目”、“副标目”、“出处”和“参照”6 个术语是 4 个标准完全相同的最重要的术语。其他术语的选定很不一致，反映出各个标准的某些特点或注意重点。

4 索引的功用

在国际标准、中国台湾标准和美国标准中，关于索引的功用都阐述得很简略、笼统。在英国标准中，关于索引的功用说明得很具体：

“索引的功用在于向用户提供一种有效的检索信息的手段。因此，索引员应当：

(1)识别和查找被标引文献中的相关信息；

(2)区分有关某一主题的信息与有关某一顺便提及的主题的信息；

(3)摈弃那些不向潜在用户提供重要信息的顺便提及的主题；

(4)分析文献中论及的主题,以便在这一主题所用术语的基础上拟定一系列标目;

(5)揭示概念之间的关系;

(6)将那些因文献的排列而分散的、有关某些主题的信息分组集中;

(7)把主标目和副标目组装成款目;

(8)通过交互参照把查找信息的用户从那些不用作索引标目的语词指向已经被选作索引标目的语词;

(9)把索引款目排列成一个系统、有益的次序。"

我们不仅可从以上九条"索引员应当"达到的要求确切理解一个认真编制的索引的多方面功用,而且也可了解对于索引编制质量的具体要求。

5 索引的类型

英国标准对索引类型的叙述最含糊,实际只分为综合索引和各种专门索引两大类。

美国标准对索引类型的叙述也较简略,只把索引简单分为六类:(1)数码索引和代码索引;(2)名称索引;(3)地名索引;(4)题名索引;(5)引文索引;(6)主题索引。

中国台湾标准对索引类型的叙述最详细,该标准从5种角度区分索引的类型:

(1)按索引外形,分为:书后索引、单行索引、活页式索引;

(2)按索引所收录资料形态,分为:书籍索引、期刊索引、报纸索引、非书资料索引、摘要的索引或索引的索引;

(3)按索引的编排方式,分为:字顺索引、分类索引;

(4)按索引的使用功能,分为:数字及代码索引、作者索引、人名索引、团体名称索引、地名索引、题名索引、逐字索引、引文索引、主题索引;

(5)按索引制作方式,分为:人工索引、半自动化索引、自动化索引。

国际标准则在"用户对索引的考虑"一章中把索引划分为两类:(1)直接检索事实情报的索引(书后索引);(2)检索情报源的索引(论文集索引)。

"直接检索事实情报的索引"和"检索情报源的索引"这两个概念的提出,对认识索引的类型具有重大意义。可以说,它对索引类型的划分提到了理论的高度,索引学术依据这两大类型进行研讨和论述,才能条理清晰,达到更高的水平。

中国台湾标准在6.2节提出"书目性索引"和"主题性索引"两类,虽意义相近,但没有达到国际标准那样的认识高度。

6 索引的收录范围

索引的收录范围,或者说文献的可索引内容,在各个标准中都主要是针对专著索引(即“直接检索事实情报的索引”、书后索引)而言的。各个标准都作出了具体规定——可作索引的内容是什么和不作索引的内容是什么。

归纳起来,文献中可作索引的内容包括:

(1)前言、序言、导言;

(2)正文;

(3)注解;

(4)图解、插图、地图、图表;

(5)具学术意义之符号;

(6)补遗;

(7)结果、结论;

(8)参考书目;

(9)附录;

(10)视听资料之题名画面;

(11)文献中一些隐含难以确切查获的有用信息(中国台湾标准对隐含信息还作了具体列举)。

文献中不作索引的内容包括:

(1)书名页;

(2)题辞、献辞、卷首引语、致谢;

(3)目次、图表一览表;

(4)章首纲要及类似内容;

(5)摘要;

(6)商业性信息。

文献中要依具体情况决定是否可作标引内容的主要是广告。此外,对序言性文字、注释、插图、附录等,个别标准也有不同的观点。

7 索引款目的结构和编制法

款目结构是索引结构的主要部分。关于款目结构,各个标准在术语定义一章中都有阐述。在各个标准中,阐述得最多的是如何构成款目的各个部分,即标目用词的选择、规范化、专指度、标目的进一步区分、出处的标示法,等等。这些内容已属于索引款目的编制法问题了。

在这方面,各种类型的索引往往有些特殊的编制要求,在中国台湾标准中,在“索引的种类”一章中叙述各种类型索引时有相当多有关编制法的阐述。

8 索引款目的排序

关于索引款目的排序,四种标准都有阐述。但国际标准、美国标准和英国标准所阐述的,都是英文索引款目的排序规则。

中国台湾标准提供了汉字索引款目的多种排序规则:①笔画排序法;②部首排序法;③四角号码排序法;④注音符号排序法;⑤标目中含有英文字母、阿拉伯数字或符号的款目的排序法。此外,也提供了英文款目的排序法、数字排序法和分类排序法,以及副标目的多种排序法。但是,未提供汉语拼音排序法。

9 参照系统

关于参照系统,除国际标准仅在术语定义中进行释义外,美、英标准对参照系统都有专门阐述,比较详细。

中国台湾标准对参照系统的阐述特别详细,并有许多实例说明。该标准规定下列情况应作“见参照”:(1)同义词;(2)通俗及专门名词;(3)英文之缩写字、字头语;中文之简称及其所代表之全名;(4)反义词;(5)拼音变化;(6)倒装式;(7)废用及流行专门术语;(8)同字异形;(9)同义异语;(10)新旧字词。

下列情况应作“参见参照”:(1)近同义词;(2)同类属连接名词(上、下位概念词);(3)意义重复之名词(如大学生/知识分子);(4)较广义词与较狭义词;(5)相关词(如图书馆/文化中心)。

中国台湾标准还有关于“总参见”、“范围注”和“限定语解释注”(统称为“参照注”,即一般参照)的具体说明。该标准将适宜使用参照注的情况归结为下列4点:(1)确保索引款目的一致性;(2)方便索引者制作及使用者查寻索引;(3)节省印刷版面的空间;(4)在一版面之下,资料出处标示、副标目、修饰语或其中任2项或3项的结合过多。

10　索引的版面设计

关于索引的版面设计，四种标准都有专章作具体阐述，其内容互有补充。

索引的载体形式，有印刷形式、缩微形式、数据库形式等。关于索引版面设计的阐述，可以说都是针对印刷形式而言的。印刷形式索引的版面设计涉及的问题大致包括：

(1)索引款目诸成分的排列形式，以及索引款目之间的排列形式；

(2)间隔距离(标目之间或款目之间的)；

(3)分栏；

(4)缩格；

(5)拼写；

(6)印刷字体和字号；

(7)标点符号、空格；

(8)续前页标目；

(9)索引的页头标题；

(10)索引在书中的位置；

(11)索引的页码；

(12)出版社用最终文稿；

(13)索引员署名问题。

11　索引的质量标准

关于索引的质量标准，各个标准都没有明显地阐述，但大致可归纳出下列几点：

(1)完整性；

(2)精确性；

(3)一致性；

(4)对用户需求的适应性。

英国标准对“索引员应当”达到的九条要求(见本文4索引的功用)可以认为是检验索引质量的具体标准。

12　对索引员的要求

国际标准在最后一章明确指出:“提高标引人员的业务素质是保证标引质量的前提,要求标引人员:

a. 熟悉所用词表及标引规则与方法;

b. 具有所标引文献的学科专业知识;

c. 具有工作所需的一定程度的语文(本国语文、外文)水平;

d. 尽可能与用户多接触,并通过分析检索结果来检验标引工作质量。”

写完于2005年2月16日

原载于《中国索引》2005年第1期(署名:《中国索引》编辑部)

容错措施与标准化

实施标准化是为了更好地为用户服务。但是,凡需要管理方与用户方共同遵守的标准化措施,一般都难收到十全十美的效果。因为,管理人员虽然按标准规定处理了某项工作,但用户却并不知晓标准规定是怎样的,标准化往往就不会收全效。

例如,我们编了一部索引,其条目是严格按新四角号码排序的。但是,有些检索者不熟悉新四角号码的编号规则,或一个汉字因有异体而会编出两个号码,此时有的检索者就可能查不到需要的文献。

但是,若采取了"容错措施",例如在该汉字的旧四角号码处或异体处设置一条参照,或干脆用旧四角号码及异体汉字的四角号码重复排一次,就可消除可能发生的检索障碍。

在编制《中国图书馆图书分类法(第二版)索引》的索引款目首字四角号码检字表时,为了查检方便,凡一字有新旧两种四角号码的,两种号码均编入(共162个字),所以查字时只要知道通用汉字的字形,不必考虑新旧四角号码的区别。

由此可知,容错措施对于标准化的贯彻,是一种有效的而且必要的辅助措施,可保证标准化取得完满效果。

在文献检索领域,需要采用容错措施的地方很多,诸如:各种汉字排检法(异形字、多音字、画数和起笔可能产生分歧的字)、同义词、可以归属多类的概念、有别名的文献、使用笔名的著者等,都可采取相应的容错措施,以方便检索,提高检索效果。

容错措施包括两种方式:一种是采用参照方式,另一种是采用两见或两属方式。后一种方式表面看好像不符合标准化,其实也是有助于标准化的实施的,而且往往比使用参照对用户更方便。

推而广之,凡是规定唯一处置方法而用户有可能弄错的地方,大多可以采取容错措施来补救。

写于2004年11月26日

原载于《中国索引》2005年第3期

索引版面中的心理学和美学现象

我不懂心理学和美学，不过，我知道，在索引版面中，的确存在着心理学和美学现象。当我们进行索引版面设计时，若能考虑到这方面，就可提高索引的品位。

下面列举一些索引版面中的心理学和美学现象：

(1)索引版面应赏心悦目，使用较大的字号和粗笨的符号排印会破坏美感。

(2)索引款目的标目若使用黑体字，其他项目使用宋体或仿宋体字，可使标目非常醒目，查检时注意力会自然地集中在标目上，既减轻疲劳又加快速度。

(3)索引排版，每行短一些比长一些更觉舒服。例如，16 开本的索引，分 2 栏比通栏排版效果好；如果用小五号或更小号字排版，大 16 开本甚至排 3 栏也不会觉得不舒服。

(4)每页用小号字排容纳更多索引条目，比用大号字排容纳较少索引条目，反而能加强“一目十行”的效果，更容易查检。

(5)16 开本通栏密排的题录(如题内关键词索引)，若每 3 行或 5 行空一行；分栏排版的题录，同一标目的索引款目密排，不同标目的索引款目之间略空，会使人感到容易查看。

(6)类目或作为分隔的小标题，前后要设空行或加大行距，以醒目。

(7)每条索引款目回行缩进一字，第二次回行再缩进一字排，比齐头不缩进排，查检起来要轻松得多。

(8)著者和出处项采取后对齐，虽不会增减信息量，却可以增加美感。

(9)除了分类编排的索引正文外，一般不要使用不同字号排版。使用不同字号排索引条目，反而增加混乱的感觉。

(10)阿拉伯数字一般用半角比用全角感觉自然。

(11)索引正文如果有眉标，查检起来会觉得容易一点(虽然眉标与每页第一条款目的信息是重复的)。

(12)完备的参照系统和醒语的设置，可减轻查检的难度和加快查检的速度。

（13）设计一个大方的索引封面和书名页也不可忽略。封面和书名页题名中"索引"或"××索引"（表示索引类型的文字）一般不用特别字号表示，若用不同字号来表示时，可略小于但不应大于题名中的其他文字。

写完于 2005 年 2 月 13 日

原载于《中国索引》2005 年第 2 期

目录索引书刊与数据库的更新和改造

目录索引书刊与数据库绝大部分都存在过时而逐步降低甚至完全失去使用价值的问题。

所谓“过时”，包括没有继续收录新的文献，或者所采用的目录索引方法比较陈旧或简陋，使用不便，因而不再受到用户重视，用户不再继续使用它们。

这些目录索引书刊与数据库，除质量本来就低下属于应该淘汰者外，其中尚有可取之处的那些品种，可采取下列各种措施使其增值，延长其使用寿命。

• 更新。这里所谓“更新”，指为已有的目录索引书刊与数据库继续补充新的文献数据，这是解决过时问题最有效的措施。更新的方式，主要是定期或不定期地不断出版下去（包括出版累积版）。此外，可为早先出版的目录索引书刊编制补编或增补版，为早先编制的数据库制作更新的版本。也就是说，这种方式只增加新的文献，一般不改变原有内容和原来使用的目录索引方法或原有的数据库检索功能。

• 改造。这里所谓“改造”，指改进已有的目录索引书刊与数据库的目录索引方法以及检索功能，而原来收录的文献数量一般不变，属于再加工性质。其方式有：

增加检索功能。某些目录索引数据库收录文献比较齐全，有价值，但原有的检索功能较少，检索不便，可增加字段及修改检索软件，以增加检索功能。某些目录索引书刊必要时也可在增加检索功能后重新出版。

增补来源文献新版本。有些索引书的来源文献已很少有图书馆收藏，可增补来源文献的新版本，即将新版本的页码对应进去，以增加其易觅得性。

校正。某些目录索引书与数据库收录文献比较齐全，价值较高，但著录和标引（特别是标引）质量较差，可加以校正。以提高检索效率。

改换。例如，可对原有目录索引书刊改换成数据库形式，将原来采用的现已很少有人掌握的排检法改换成（或增加）目前比较通用的排检法，等等。

以上几种改造方式也可同时采用。

• 再生产。这里所谓“再生产”，指从某种或某些种文献目录索引数据库或目录索引书刊中辑出部分内容成为另一种数据库或目录索引。也可以采取合并或汇编的方式。

目录索引书刊与数据库的更新和改造可以使一些过去编制的尚有使用价值，

甚至有很大使用价值的品种延长其使用寿命，以应社会各方面的需要。例如，上海图书馆的《全国报刊索引》（从创刊到出版电子版前的部分）和《中国丛书综录》就可以更换成数据库（《全国报刊索引》在更换成数据库时应作些再加工），就可在短时间适应社会的需要。

目录索引书刊与数据库的更新和改造必须注意是否涉及版权问题。

写完于2002年3月31日

原载于《图书馆理论与实践》2003年第4期

索引的生命力

索引生命力的概念

每种索引都有一定使用价值。索引使用价值的大小,使用寿命的长短,即其生命力的强弱。

生命力强的索引使用价值大,使用寿命长。索引的使用价值可笼统地以被使用的频率和使用者的满意程度来衡量。索引的使用寿命则可依据从索引问世到被使用频率降低到一定程度的年数来衡量。但是,精确计算既不可能,也无必要。

有些索引是长寿的,几十年后仍被利用;有些索引是短命的,甚至在问世当时即已失去使用价值;有些索引逐渐地失去生命力(老化)而为其他索引所取代;有些索引因一时的需要而被频繁使用,但很快又时过境迁。

索引生命力的决定因素

索引是利用文献的工具,索引是依附于文献的,故文献生命力是决定索引生命力的首要因素。重要文献历久都不会失去其使用价值,与这些文献相关的索引也就不会失去使用价值,除非它被更好的新版索引所取代。

大量文献随着学术的进步而失去使用价值,相应索引(提供情报源的索引)的生命力也随之降低或被新内容的索引完全取代。

学术界和社会的需要也是索引生命力的决定因素。某些问题若不再为学术界和社会所关注,相应索引(提供情报源的索引)也会随之失去使用价值。

索引本身的质量也是决定索引生命力的重要因素之一,索引精品总有较长的使用寿命。

延长索引使用寿命的措施

(1)索引选题很关键。重要文献的索引,因文献具有长期使用价值,其索引的生命力也相当长。故选择重要文献作为索引的对象,可使编成的索引具有较长的使用寿命。

(2)收录丰富、详尽的“巨无霸”索引(提供情报源的索引),具有顽强的生命力。

(3)在索引对象相同的情况下,编制仔细、功能齐全的索引精品,具有较大的竞争力,可以不被相同索引对象的其他索引所取代。

(4)提供最新情报源的索引,必须不断增补,否则经过若干年后会被遗弃。

(5)某些索引,虽其索引对象是有长期参考价值的文献,但因问世已久远,所依据的版本已不可寻,所使用的排检法已少有人掌握,这种索引只有进行“翻新”,才能延续其生命。

(6)除配合科研课题的索引外,索引应有适当印数,维持一定的普及程度,才能起到一定社会作用。

索引使用寿命短的原因

(1)书后索引和书附索引,若本书失去使用价值,索引也便失去使用价值。

(2)有些索引本身具有临时性质,如检索刊物的期索引到年度索引出来后就失去价值,年度索引在多年累积索引出来后也会降低使用价值。但是,这些索引在未被取代前,却是有重大使用价值的。

(3)一些配合某种临时需要的索引,时间一过,就不再有人翻阅。这些索引有一定使用价值,但使用寿命短暂。

(4)质量低劣的索引(如收录文献太少的题录式索引),往往给人的第一印象就不好,不大可能发挥作用。

写完于2004年6月20日

原载于《中国索引》2005年第1期

推广文献索引计算机编制法是促进我国索引事业发展的一项重要措施

我曾在《关于索引学研究和索引工作开展的设想与建议》中提出如下观点："用计算机检索文献，是情报、图书馆、档案工作现代化的核心"，"数以千计的各种类型的数据库是国际联机检索的支柱"，"从某种意义上讲，数据库就是信息时代的索引"，"所以，我们现在研究索引，应站在高起点上，一定要研究和普及计算机编制索引的方法，这样才能使我国的索引事业赶上世界水平"。在这里，我想进一步谈谈自己对这个问题的认识。

1　我国文献索引工作计算机化的必要性

1.1　文献索引工作计算机化的两个标志

下列两个方面可以认为是文献索引工作计算机化的标志：

(1)索引编制过程计算机化。这意味着加快编制速度(或缩短时差)、降低编制成本、提高索引质量。

(2)索引产品电子化。电子索引(机读式索引)的检索功能大大优于其他形式的索引。

1.2　我国文献索引工作计算机化是必由之路

从以下四个方面可以看出，计算机化是我国文献索引工作发展的必由之路：

(1)手工编制索引是一种落后的技术。手工编制索引速度慢，成本高，质量较难保证(因为可能出错的环节较多)。

利用计算机编制索引是索引技术发展的高级阶段。目前在一些发达国家，机编索引技术已相当普及，期刊索引、报纸索引、大型工具书及检索刊物的索引、专著的书后索引或语词索引，几乎无不采用计算机进行编制和生产，完全用手工编制的索引已不多见。

(2)我国文献索引计算机化的条件已基本具备。我国图书情报资料单位以及新闻出版单位多数已有计算机设备，计算机操作技术已有一定程度普及，计算机检索已不是稀罕的事情,用计算机编制索引与计算机编目基本相同。

(3)出版书本式索引已越来越困难。因索引的印数不可能多,如要出版,须给出版社大额补贴,否则出版社不愿接受。但钱从哪里来?所以出版书本式索引已不大可能。

(4)索引产品必须适应网络检索的需要及与国际接轨。国外计算机已十分普及,电子索引在计算机上使用方便。特别是在情报检索网络化的条件下,只有电子索引才能上网。国外索引已电子化,我国的书本式索引到国外也不会受欢迎,更无法加入国际网络。

2 索引编制过程计算机化的优越性

2.1 计算机作为一种文字处理工具的基本功能

计算机可以写入、记录、增删改、查错、替换、格式整理、排序(任意序列,单项或多项排序)、合并数据和重新排序、打印或转录(任意格式、任意部分)、制印版、检索(单项检索、多项组配检索)。

计算机具有快速录入功能(如词组输入、复制前一条记录、输入缩略符号然后替换原文等)。

2.2 索引手工编制过程与计算机编制过程的比较

手工编制索引的过程是:“著录—标引—编制轮排款目—校对—排序—编制参照—抄录—校对—排版或打字—校对”。

如果要提供别的检索途径,还要:“编制索引条目—排序—抄录—排版或打字—校对”。

如果要编制累积索引,有大量工作仍须重复进行。

计算机编制索引的过程是:“输入索引数据(著录)—标引—校对”,其他过程几乎均可由计算机在程序控制下自动完成。

可见,计算机可完成索引编制工作的绝大部分工序。

2.3 计算机编制索引的优越性概述

计算机编制索引可以:

(1)一次输入,多次多种输出。即索引数据一次性输入并校对正确后,可以根据具体需要生成不同检索途径、不同范围、不同格式、不同载体的各种索引产品。

(2)提高索引质量，诸如提高索引的标引深度、严格控制款目格式和轮排的方式，减少手工编制时抄写、排序、打字或排版过程的差错等。

(3)加快编制速度(由于减少了抄写、校对等工序，以及加快了排序、打字或排版、累积等的速度)，可大大缩短由一次文献到二次文献(索引产品)的时差。

(4)更新(增补)和累积(编制累积本)十分容易，这是使索引长期保持其使用价值的一个重要条件。

(5)机编索引的数据(有时是副产品)可开展各种检索服务。

(6)可以编制各种手工难以编制或无法编制的新型索引和数据库。

总之，用计算机编制索引可以达到：

①快速，大大缩短索引时差。

②高效，许多工序由计算机完成。

③质量高，计算机不易出错。

④成本低，因为使用计算机大大提高工作效率，特别是一次输入、多次多种输出，降低成本的作用极大。在需要份数少的情况下，相对成本更低。

⑤出版易，可制作胶印版胶印，制作机读版则更容易。

⑥检索功能多，检索效率高(全、准、快、便)。

3 计算机在索引编制中的功用

3.1 记录和存贮索引数据

磁性载体的记录存储体积很小，一张普通的3.5寸软盘可存储70万汉字，光盘的存储密度更大得多，且成本比纸质载体低。

3.2 辅助标引

辅助标引是指辅助人工标引，例如可联机显示词表、分类表或规范文档的片断，为标引员选词、选号、换词提供方便；可联机显示以前标引的文献记录，以便调整标引用词和词串的词序；可通过输入文献题名、摘要或正文与抽词词典相匹配，抽出关键词，经过人工判别或换词来确定标引用词；利用计算机建立一个开放词库供标引使用等。计算机也可使书后索引编制工作半自动化。

3.3 对索引数据进行格式整理、加工和排序

利用普通文字处理软件、排版软件或机编索引专用软件都可对索引数据进行

格式整理和加工。

除普通文字处理软件外,各种数据库管理系统软件和机编索引专用软件还可进行自动排序。利用汉字属性字典软件,可在多种汉字排检法之间进行转换。

利用某些机编索引专用软件还可自动生成参照款目、自动添加助检标志等。

3.4 制作索引的印刷版及生产其他载体的索引

计算机犹如一个索引工厂,可输出索引的打印本,制作用于生产书本式索引的胶印版,用转录(复制)法制作索引的机读版。用计算机也可生产缩微式索引。

计算机可生产多种检索途径的、不同范围和不同格式的索引产品。

3.5 建立文献数据库并对数据库进行自动检索

一切文献数据库都有索引功能,都可进行自动检索。数据库的检索方法很多,如布尔逻辑检索、加权检索、扩缩改检、二次检索、各种标识联合检索、截词检索、成批检索等,检索功能要比手工检索工具多得多。

3.6 自动标引

利用专用软件可进行自动抽词、词频统计、自动赋词赋号、自动聚类等,实现文献自动标引。

4 计算机编制索引的方式及比较

4.1 计算机编制索引的基本方式

利用计算机编制索引(及数据库)的方式,大体可归纳为下列几种:

(1)手工准备索引数据,然后用计算机整理加工成索引。这是人机分工的方式,人工完成前期工作,计算机完成后期工作。

(2)用普通文字处理软件编制索引。例如,可使用在我国几乎是每台计算机都安装的 WPS 软件。

(3)用关系数据库管理系统软件编制索引。如利用 dBASE、FoxBase、FoxPro 等软件。

(4)用程序自动生成器(MIS)软件编制索引。

(5)用机编索引专用软件编制索引。

(6)用套录及类似方式编制索引。

4.2 各种计算机编制索引方式的比较

手工准备索引数据，然后用计算机整理加工成索引的方式，实际是把计算机当作打字机和排版设备使用。计算机完成的工作，既可用普通文字处理软件，也可用关系数据库管理系统软件、程序自动生成器(MIS)软件或机编索引专用软件。当然，计算机的功能比打字机和排版设备的功能要多得多。

用普通文字处理软件编制索引的方式，可以生产索引的打印稿、胶印版等，可进行简单的检索，但不能进行自动排序(个别文字处理软件也可进行简单的排序，如 WORD 软件)、自动格式处理、自动查错等。这种方式虽效率稍低，但仍可大大加快索引编制速度，节省人力和降低成本，并提高索引质量。

所谓进行简单的检索，是利用 WPS 中的 F7 进行查找，不但可查找著录正文中的任何字或词，还可查找人工赋予的分类号和检索词等，但不能将检索结果打印和转录出来。

在 WPS 上输入基本数据，套入 dBASE 等生成的数据库结构，再利用 dBASE 等作各种操作，也是可以的。

用关系数据库管理系统软件编制索引的方式是最基本的方式，可对输入的索引数据自动生成各种索引，可检索，数据可转换成文本浏览和打印。如果再编制一个检索程序，就可成为一个计算机检索系统。

用程序自动生成器(MIS)软件编制索引的方式，与用关系数据库管理系统软件编制索引的方式基本相同，差别在于不需手工编制检索程序，可回避不会编写程序的难题，操作比较方便，但自动生成的检索程序不具备某些特殊的功能。

此外，还有一些菜单式的数据库管理系统，功能近似于 MIS 软件，使用比较简便，但不能自动生成检索程序。

用机编索引专用软件编制索引的方式，当然是最理想的。因为机编索引专用软件在功能上是最完备的，并且有许多功能是上述各种软件所没有的，使用起来十分方便，工作效率高，所编出的索引或建立的检索系统质量也高。

但是，我国目前商品化的机编索引专用软件，在正式的软件市场上几乎没有，各单位都是自编自用。其他单位和个人在无力自编专用软件的情况下，只能采用(2)(3)(4)3 种方式。第一种方式虽然与传统的手工编制索引方式相比，具有可大大加快索引编制速度，节省人力和降低成本，并提高索引质量的优点，但与采用(2)(3)(4)3 种方式相比，显然在技术上比较落后，不值得提倡。至于用普通文字处理软件(如 WPS 和 WORD)编制索引的方式，还是值得注意的。国外虽然机编索引专用软件已很普及,但采用文字处理软件编制索引的方式仍是计算机编制索引的基本方式之一。

用普通文字处理软件编制索引的方式适用于编制比较简单的,只准备自用的或只准备打印、复印、胶印的中小型索引。WPS 缺少排序功能,可采取一些“笨办法”解决(如某报社采取先输入一个分类框架或字顺框架,然后用填入的方法随输随排),或与 dBASE 等结合使用,就可基本满足需要。

5 机编索引专用软件的功能与设计

5.1 机编索引专用软件的一般功能

机编索引专用软件的功能,大体可概括如下:

(1)录入及修改索引数据功能;

(2)对索引数据作格式控制功能;

(3)自动生成轮排款目功能;

(4)排序功能;

(5)自动生成参照及助检标志功能;

(6)自动校验、纠错及替换功能;

(7)输出索引数据功能;

(8)统计功能;

(9)辅助标引功能;

(10)检索功能;

(11)某些类型索引专用软件的特殊功能。

关于以上各项功能的具体内容,请参看曾蕾《计算机辅助标引及索引编制》一文和侯汉清《索引法教程》一书,这里不再赘述。

5.2 机编索引专用软件的设计

机编索引专用软件可分为单一功能的索引软件和多功能的索引软件两类。单一功能的索引软件是针对某种特定类型的索引(如保留上下文索引、分面轮排主题索引、选择组配索引、挂接主题索引、嵌套短语索引、引文索引等)设计的,不适用于其他索引的编制。多功能的索引软件适用于编制各种普通的索引,功能虽多,但不适用于编制那些特殊的索引。

目前我国迫切需要机编索引专用软件,我以为可多编制一些单功能的,但是针对常用的索引类型编制的机编索引专用软件。例如,分类索引的专用软件,普通主题索引的专用软件，人—机结合抽词的关键词索引的专用软件，普通书后索引的专用软件，自由标引主题索引的专用软件，著者与人名索引的专用软件，编制后控制词表的专用软件等。这类索引中虽然有些可用多功能的索引软件来编制，但若能考虑到每种索引编制上的特殊要求以及标引规则、检索方法等专门进行设计，也许可以设计得更周到一些，而软件也不致太复杂，更便于使用。例如，可为自由标引主题索引专用软件增加与标引词规范文档核对及换词和自动生成同义词参照的功能，可为著者与人名索引专用软件增加与人名规范文档核对及换词和自动生成著者或人名参照的功能等。

机编索引专用软件的设计还应考虑到与硬件和操作系统等环境以及使用者计算机知识程度相适应，使它有推广普及的可能性。

我国已有上千个文献检索数据库，其建库所用软件，都包含有索引编制子系统（有些本来就是索引编制软件），但大多数只能编制一些普通的索引，而且功能也是一般。其中也有一些相当优秀的，建议将其商品化，使之推广普及，这是解决目前机编索引专用的商品化软件缺乏的一条捷径。

6 中国索引学会应积极推广文献索引计算机编制法

索引编制计算机化是我国索引事业赶上世界水平的重要条件，是我国索引事业发展的必由之路。中国索引学会的宗旨是通过发展索引学来促进索引事业。根据我国机编索引工作还处于起步阶段的实际情况，理应把推广文献索引计算机编制法放在特殊重要的地位。

中国索引学会在这方面虽然也做了一些工作，例如出版《索引工作自动化》一书，评奖机编索引成果，举办机编索引培训班，在索引工作进修班开设机编索引课程等。但总的说来，所做的工作实在太少，影响很小。学会应当动员全体会员，并争取图情档和新闻出版界的支持和帮助，把这项工作更广泛地开展起来。

参考文献

[1]张琪玉．关于索引学研究和索引工作开展的设想和建议．江苏图书馆学报，1993(1)：3－7

[2]曾蕾．计算机辅助标引及索引编制．情报学报，1991，10(2)：151－158

[3]侯汉清．索引法教程．南京农业大学，1993：173

写完于1996年8月14日

原载于《图书与情报》1996年第4期

文献索引计算机编制法

（提纲）

1　我国文献索引工作计算机化的必要性

1.1　文献索引工作计算机化的两个标志

索引编制过程计算机化

索引产品电子化

1.2　我国文献索引工作计算机化是必由之路

手工编制索引是一种落后的技术

我国文献索引计算机化的条件已基本具备

出版书本式索引已越来越困难

索引产品必须适应网络检索的需要及与国际接轨

2　索引编制过程计算机化的优越性

2.1　计算机作为一种文字处理工具的基本功能

2.2　索引的手工编制过程与计算机编制过程的比较

2.3　计算机编制索引的优越性概述

3 计算机在索引编制中的功用

3.1 记录和存贮索引数据

3.2 辅助标引

3.3 对索引数据进行格式整理、加工和排序

3.4 制作索引的印刷版及生产其他载体的索引

3.5 建立机检索引数据库并对数据库进行自动检索

3.6 自动标引

4 计算机编制索引的基本方式

4.1 手工准备索引数据,然后用计算机整理加工成索引

4.2 使用普通文字处理软件编制索引

4.3 用关系数据库管理系统软件编制索引

4.4 用程序自动生成器(MIS)软件编制索引

4.5 使用机编索引专用软件编制索引

4.6 套录及类似方式编制索引

5 机编索引专用软件的一般功能

5.1 录入及修改索引数据功能

5.2 对索引数据作格式控制功能

5.3 生成轮排款目功能

5.4 排序功能

5.5 自动生成参照及助检标识功能

5.6 自动校验、纠错及替换功能

5.7 输出索引数据功能

5.8 统计功能

5.9 辅助标引功能

5.10 检索功能

5.11 某些类型索引专用软件的特殊功能

6 机编索引的种类

6.1 一般机编索引

普通题录式索引

分类索引

著者索引

个人著者索引

团体著者索引

题名索引

文献来源索引

文献内容索引、书后索引

普通主题索引、综合索引

人名索引

机构索引

地名索引

会议索引

编年索引

分子式索引

序号索引

媒介索引（间接索引）

对照索引

表式索引

6.2 特种机编索引

关键词轮排索引

机编主题索引

保留上下文索引（PRECIS）

分面轮排主题索引（POPSI）

选择组配索引（SLIC）

挂接主题索引（ASI）

嵌套短语索引（NEPHIS）

语词索引（字词轮排索引）

单汉字索引

全文数据库

引文索引

6.3 其他专用索引

7 索引资源的共享

7.1 索引资源收藏中心

7.2 索引通报

7.3 索引交流

7.4 索引出版

7.5 索引联机服务

写完于1966年5月7日

图书索引软件的功能要求与编制难题

图书索引(专著索引、书后索引)是直接检索书内事实情报的索引。编制图书索引的专用软件需要具备这样一些功能:

(1)标引(抽取书内可索引内容,编成索引标目与副标目)的功能;

(2)编制出处项(给出起止页码)的功能;

(3)索引款目排序功能(包括多种排序方式);

(4)产生轮排款目的功能;

(5)将相同标目(包括相同主标目和相同副标目)的索引款目进行合并的功能;

(6)建立参照系统及助检标志或索引数据库的超链接的功能;

(7)后控制词表或类似结构的功能(如果是索引数据库);

(8)按特定版面格式输出索引数据的功能(输出到磁盘和打印输出);

(9)一般检索功能(如果是索引数据库);

(10)组配检索功能(如果是索引数据库);

(11)反白(或变色)显示检索结果的功能(如果是索引数据库);

(12)文本任意字词匹配检索功能(如果是索引数据库)。

在以上 12 项功能中,(3)至(12)这 10 项功能都可以实现自动化,唯独(1)(2)两项功能实现自动化有很大困难。原因在于:

自动标引技术目前仍停留在自动抽取关键词的水平,对自动抽取主题还没有突破性进展。

图书索引要求详细而又有选择地并相当专指地标引图书的局部主题和主题因素,但不允许像全文检索那样用所有关键词无遗漏地标引其全部内容。图书的可索引内容必须是:(1)图书中比较具体地论述了的;(2)有一定参考价值的;(3)可以成为检索对象的;(4)图书中所涉及的地区、人物、机构、事件、生物、矿物、产品、设备、方法、工艺、格式、数据、著作等事项名称,在图书中虽未被具体论述,但可以牵引出一些相关的知识和信息,而具有一定检索意义的。因此,要从大量关键词(用一般规则抽出的“实义词”)中准确地精选出少量的符合上述要求的词和词组,这方面的自动化研究虽已进行了几十年,但至今还没有达到实用水平。何况,图书索引款目不能完全使用著者的原词来表达,还有个索引标目的措辞问题。这样,问题就更加复杂了。

同样的原因,计算机既然还不能准确地自动提取图书正文中的可索引内容,也就不可能自动给出被索引内容的确切出处(其所在的确切起止页码)。

关于这两个难题,到目前还未见有已经解决的确切报道。目前都只达到"人工标引+计算机抽词处理"或"计算机抽词(依据抽词词典)+人工判别修正"的人—机结合水平。好在用这种办法编制的索引款目质量有保证。从满足实际索引与数据库编制的迫切需要看,目前也只能采取这种办法。

写完于2004年5月13日

原载于《中国索引》2004年第3期

数据库的可派生性和可合并性

数据库的可派生性是指可以把一个数据库的部分数据复制出来，形成另一个数据量较小的新数据库（派生数据库）的功能。例如：(1)从综合性数据库中派生出某一学科的数据库，或某一专题的数据库，或某一时期范围的数据库；(2)从某一数据库中复制出部分字段，形成一个新的数据库（并可再在此基础上添加别的字段或进行修改和补充）；(3)把检索结果输出成为数据库（如在咨询服务、定题情报提供服务中）；等等。

数据库的可合并性是指可以把两个（或两个以上）数据库的数据通过追加操作合并在一起（有时需重新排序），形成一个新的数据库的功能。例如：(1)把期刊的各个期索引合并成年索引，或把若干个年索引合并成多年累积索引；(2)把子库的新数据追加到总库中去；(3)把几个并列数据库的数据汇总成一个总的数据库；(4)把几个数据库的各一部分数据合并成一个新的数据库；等等。

数据库的合并可以是：(1)两个字段完全相同（或字段相同但字段数量不等或字段次序不同）的数据库的合并；(2)两个数据性质相同但字段名不同的数据库的合并；(3)两个数据库的字段横向相加（两者必须有共同的字段且该字段的数据具有唯一性）形成一个新的数据库。

数据库的可派生性和可合并性是两项十分有用的功能。利用这两项独特的功能，在数据库的建库过程中可以重复利用已有数据，达到节约大量人力和时间，并可减少差错，使数据库的设计和数据的利用具有很大的灵活性和多样性。

写完于2003年7月21日

原载于《图书馆理论与实践》2003年第6期

计算机排序还不能完全自动化

索引款目汉语拼音排序法有多种排序方法,最完善的排序方法是字字相比。先比标目第一个汉字的音节,音节相同时,将同一汉字集中,依各汉字的部首或笔画或其他顺序来决定次序;第一个汉字相同的标目,再依其第二个汉字排比次序,以此类推。

利用计算机进行自动排序,大体符合以上字字相比的排序规则,但不是完完全全符合,需要对排序结果稍作调整和补充。包括下列几个方面:

(1)由于汉字标准编码字符集是分为常用汉字和非常用汉字两个部分(约各占一半)进行编码的,常用汉字部分依汉语拼音顺序编码,非常用汉字部分依部首和笔画顺序编码,所以,自动排序的结果会出现有极少量非常用汉字开头的索引款目,脱离汉语拼音顺序排在最后(不超过百分之一,有时一条也没有),输出前应进行调整。否则,按汉语拼音顺序,这些索引款目可能就查不到了。

在依第二个汉字排序时也会出现此问题,因相同汉字开头的款目不会很多,故影响不大,可不予调整。但若相同汉字开头的款目特别多时,也应进行调整。例如在著者索引中,姓王的著者可能有上百人,而名的第一个字使用非常用字的又较多,此时对脱离汉语拼音顺序的款目也需进行调整。

(2)有些索引款目的标目带有书名号和引号,按其编码也会脱离正常的汉语拼音序列排在整个索引的最前面,若对索引的质量要求较高,是应该调整的。

(3)汉字有不少一字多声和一字多音。一字多声对查检不会有影响,但一字多音对查检会产生影响。例如,收藏的"藏"读 cang,藏族的"藏"读 zang,但汉字标准编码只编 1856,照正确读音查"藏族"、"藏语"、"藏医"、"藏药""藏红花"等时会查不到。所以,必须在 zang 处设一单纯参照"zang 藏见 cang 藏",指引读者到 cang 处查找。但是,这种情况较难发现,索引编制时往往会遗漏。

(4)数字或字母开头的索引款目,自动排序时是排在整个索引最前面的。但按我国的惯例,则应排在最后。从严格质量要求看,也是应调整的。或许,在计算机文字处理普遍使用的今天,不宜继续强调这一惯例了。

(5)若索引款目使用“( )”、“_”“,”等符号(大写或小写),索引惯用顺序与中外文编码均不一致,若用这些符号,须作人工调整(简单索引不用这些符号)。

(6)索引中需要安插助检标志(索引款目开头的字母或音节),计算机也不可能自动生成,须由人工插入。

写完于2006年4月13日
原载于《中国索引》2006年第3期

基于自由标引的索引体系和分类体系

1 在自由标引基础上建立某些数据库的索引体系和分类体系的可行性

自由标引是不依据词表的一种主题标引法，标引人员在对文献的情报内容进行分析之后，按一定规则自拟标引用词来表达文献主题。就其实质而言，这是一种在文献检索中利用自然语言的方法。对于不要求使用指定词表的数据库，自由标引是一种较好的选择。自由标引尤其适用于报纸文献、期刊文献等数据库的标引，因为这类文献内容庞杂，新概念多，数量大，很难编制适用的词表，而且使用词表标引用工多，速度慢，建库单位实际条件往往不许可。

自由标引的优点在于：(1)虽然它仍然是人工标引方式，但由于不使用词表控制，由标引人员自拟标引用词，所以标引速度要比使用词表的主题标引快许多倍，这还意味着标引成本的降低；(2)词表有限制检索词专指度的性质，而自由标引由于不使用词表，所以可用与文献主题专指度一致或基本一致的词进行标引，可保证较高的检准率；(3)因为自由标引是通过标引人员主题分析的，如果标引人员具有一定的业务水平，则其标引质量可大大高于基于文献题名的自动抽词标引。

本文介绍一种在自由标引的基础上建立"自由标引词索引 + 分类索引 + 类名索引（相当于某种规范词索引）"的索引体系和分类体系的方法。这里所说的索引体系，仅指针对文献内容特征的多种索引，当然还可增加各种文献外表特征的索引，如著者索引等。这里所说的分类体系，是在自由标引词的基础上根据实际内容归纳而成的，而不是事先拟定的，这种分类表也具有后控制词表的性质。本模式除具有自由标引的各种优点外，还有文献内容检索功能较完备的优点。若从数据库生成印刷本索引时，一般以分类索引为正文，自由标引词索引和类目索引（也可省略）为辅助索引。

2 数据库中文献的自由标引过程

(1)对尚未标引的文献题录库增加下列字段：自由标引词字段、分类号字段、类名字段、调整分类体系用的临时字段。

(2)将题录数据复制4份(连同原有数据共5份)。

(3)将数据按出处排序,使每条题录的5个复份集中排在一起,再复制,要求自由标引词字段和题名字段居前。

(4)自由标引。每条记录的自由标引词字段只填入一个标引词。若自由标引词多于5个,则可再复制题录予以补足。

自由标引的要点是:①对文献内容进行分析找出主题概念后,由标引人员凭自己的术语知识,自主地用确切的措词来直接表达所分析出的主题概念。②仿照分面分类法进行离散式(后组式)标引。③一篇文献的主题可以是一个,也可以是一个以上,故要周详分析该文献有什么用处,有多少用处。文献的某部分内容,只要能确认读者为某种需要而检出该文献时是值得一读的,就可作为一个主题把它标引出来。④标引措词不必拘泥于文献作者的原有用词,但若文献作者使用了一个关键性的新词,这个新词可能在以后有人据以进行检索的,则可采用该新词直接标引或用该新词与学术界或社会流行用词作双重标引。⑤在标引措词时,不必过多去考虑标引用词的一致性,而应重点考虑标引用词的确切性和专指性,不用靠词标引法,少用上位标引法。

(5)将题录数据按自由标引词字段排序,并删去该字段为空白的题录。

3 对自由标引词的分类处理和分类体系的构成

(1)拟定分类大纲。即仿分面分类法设立各个分面。如图书馆学期刊论文数据库可设立下列分面(用字母作分类号):

A 图书馆学

B 图书馆事业

C 图书馆管理

D 藏书建设、藏书管理

E 文献编目和标引、文献检索

F 图书馆服务

G 文献学、目录学、出版事业

H 图书馆建筑、设备和用品

I 图书馆自动化

J 信息网络化、图书馆数字化

K 其他主题

U 机构

V 文献

W 人物

X 地区

(2)对自由标引词进行分类,并逐步细分。①把大纲录入数据库的分类号字段和类名字段(每个分面的分类号和类名只录入一次);②按大纲将各分面的分类号赋给全部自由标引词(不必赋予类名);③按分类号排序(分类号字段为正序,类名字段为逆序);④对各个分面的自由标引词按实际情况设立二级类目、三级类目等,作进一步细分(仿照①—③各步内容,分类层次不要太少)。

(3)对所赋给自动标引词的分类号是否正确进行审核,并对分类体系进行最后审定和调整(可利用调整分类体系用临时字段作分类号修改的"草稿",待数据库"定稿"后将该临时字段删去)。

4 索引体系的构成和文献的检索过程

(1)从数据库复制"自由标引词字段+分类号字段+类名字段"构成自由标引词索引。

(2)从数据库复制"类名字段+分类号字段"构成类名索引。

(3)从数据库复制"分类号字段+类名字段"构成分类索引,然后将该索引改成由大类至细类层层展开的等级隶属形式。

(4)对自由标引词索引增添同义词(即增加更多的入口词,所添加的词后面要加一"*"号)。

(5)编制检索程序,其检索过程如下(各个索引全部采用列表、鼠标点选方式,但从文献题名中进行语词匹配检索时需从键盘输入检索式):

• 从分类索引入手检索:用鼠标从分类体系列表中点击大类→二级类→细类(用分类号的前方一致匹配方式扩检)→显示文献题录。

• 从类目索引入手检索:用鼠标从类名列表中点击选定的类名→分类体系中的相应类目(用分类号的前方一致匹配方式扩检)→显示文献题录。

• 从自由标引词索引入手检索:①转换成分类检索。用鼠标从自由标引词列表中点击选定的自由标引词(相当于自然语言入口)→分类体系中的相应类目(用分类号的前方一致匹配方式扩检)→显示文献题录。②直接检索方式。用鼠标从自由标引词列表中点击选定的自由标引词(不可选带有*号的词)→显示文献题录(即用自由标引词直接从数据库中检索)。

(6)索引体系中还可增加"著者→文献题录"、"从文献题名中进行语词匹配检索”、“从刊名(列表)年期查所载文献”等检索功能。

(7)最好提供组配检索功能。

(8)此索引体系也可作为全文数据库的构成部分。

参考文献

张琪玉. 论自由标引. 图书馆学刊,1995(5):35—37

写完于2001年2月16日
原载于《图书馆学刊》2001年第6期

索引与数字化书刊和数字图书馆

大批书刊正在进行数字化,产生数字化书刊和构建成数字化图书馆。索引将大大方便数字化书刊和数字图书馆的使用,提高使用效率。

数字化书刊与正式出版的电子书刊(光盘版书刊)一样,不可缺少索引。电子书刊如果没有索引(即缺少检索功能),则比没有索引的印刷型书刊更不便使用。但如果具有完备的索引,就可以随心所欲,随便怎样阅读查检都可以。数字化书刊也需要配备索引,才便于阅读查检。中文印刷型书刊是很少有索引的,所以,在数字化后亟须增编索引,才能更充分地发挥作用。

数字化图书馆虽然必备分类目录、主题目录、书名目录和著者目录,但这些目录太"宏观",对于其全文数据库性质的藏书内容的揭示,是非常不够的。编制图书内容索引是发挥其潜在功用的必要措施。

为数量庞大的数字化书刊增编索引,不同于为某一书刊编制专书专刊索引。主要应考虑下列几点:(1)待编索引的书刊太多,所以不大可能为每种书刊设计和编制完满的专书专刊索引体系;(2)要考虑各种书刊的索引能够综合汇编成联合索引,所以要采用群书索引的模式;(3)需要有重点地编制一些专门索引。

可考虑把图书索引分为主要索引和专门索引两类。主要索引可采用图书章节题名的题内关键词轮排索引形式,为除文艺书籍外的全部图书编制。这种形式的索引深度适中,索引款目比较具体,可浏览性好,编制难度不大,并容易汇编成群书索引。

专门索引主要是专名索引(但也可以编制一些其他索引),可针对各个学科、专业的具体需要选择索引种类,编成群书索引。

为数字化图书补编索引,因为数量甚大,显然不可能由某个或少数几个单位承担,而必须有计划地分工合作。

索引标准化是编制索引汇编数据库的重要条件,不但要及时制订,而且必须严格执行。

索引汇编数据库既可合并,也可套录,可通过超链接连接数字图书馆藏书的正文。

写完于2002年5月26日

原载于《图书馆理论与实践》2003年第3期

用 WPS 文字处理软件编制简单电子索引的方法

1 用 WPS 可编制什么样的索引

WPS 是一种非常普及的以汉字为主要对象的文字处理软件，而并非是编制文献索引的专用软件。在没有文献索引专用软件的情况下，使用 WPS 编制一些简单的电子索引，也是可以的。所谓电子索引，是指用计算机进行查检的索引。

用 WPS 编制的电子索引，可以是文献题录或文摘的分类索引、主题索引、题名索引或著者索引，可以是文献正文的内容索引（主题索引和名词索引），也可以是文献题录、文摘或文献正文的关键字词索引（即 WPS 的任意字词匹配查询、模糊查询功能）。

一般而言，由于 WPS 缺少自动排序功能，故用于编制书本式索引不大方便，但还是要比手工编制法方便得多。

2 用 WPS 编制的电子索引的结构

用 WPS 编制的索引，其题录、文摘或文献正文可以是无序的，也可以是有序的。

如果题录、文摘或文献正文是无序的，在编制分类索引和主题索引时，主文档中相应内容之前必须插入分类号或检索词作为检索标识，并应有分类表或检索词表。要注意，分类表或检索词表必须置于主文档（即题录、文摘或文献正文部分）的后面，并与主文档连接成一个文件。至于题名索引和著者索引，在主文档中不需插入检索标识，在主文档之后可附加有序的题名或著者一览表供浏览，也可以不附。

如果题录、文摘或文献正文是有序的（按某种检索要求排序），而所要求的索引功能是单一的，且与文档的序列是一致的，则只要有一个题录、文摘或文献正文（如词典正文）的文档就可以，一般可不另外编制作为索引的分类类目、检索词、条目名称、题名、著者等检索标识的一览表。但若要求多种索引功能，则除与文档序列一致的索引功能外,仍应视需要在主文档中加插检索标识和在主文档后附加有序的检索标识一览表。

3 用 WPS 编制电子索引的方法

(1)在题录、文摘或文献正文的相应内容之前安插检索标识,即用人工标引法标出分类号或检索词。检索标识最好独占一行,但多种检索标识可共用一行,一行容纳不下时占二行亦可,形式如下:

－－－－－－－－－－－－－－－－－－－^G254.342^在版编目

图书在版编目工作手册/许绵主编;李泡光等编写.—北京:人民出版社,1994.2

(2)编检索标识一览表(分类表、检索词表、题名或著者一览表等)。检索标识一览表应是有序的,可供浏览的。其编制法是另外编一个文件,在该文件中先列出分类或字顺序列的框架,再用 WPS 的插入功能一条一条填入相应位置。一览表编好后,将其连接到主文档的后面。

(3)假如直接采用题录、文摘或文献正文中的词(如题名、著者名或条目名称)作为检索标识,则(1)(2)两项工作便无必要。

(4)用 WPS 的替代功能,可半自动地做关键词索引,具体方法如下:

按替代功能组合键^Q+A(Ctrl+Q+A),显示"找什么",填入被替代的字词,按回车键,显示"替换成?",键入替换的字词,按回车键,显示"方式选择",键入"G"(全程替换),再按回车键,即跳至第一处与键入的被替换字词相同的地方,键入"Y"就替换,键入"N"就跳过去。这样,就等于进行了标引(例如,把"图书馆"替换成"^图书馆_"),被替换成的字词就相当于选中的关键词(加了标识的自然语言索引词),在检索中可提高检准率。

4 用 WPS 编制的电子索引的检索方法

用 WPS 编制的电子索引,主要是用 WPS 的"F7"功能键(查找功能)进行查检的。连接于主文档后部的各种检索标识一览表,都应采用一种特殊符号(如@@、##、$$、%%、&&)作为代号置于一览表的表首。进入文档后,按下 F7 键,显示"找什么",填入检索标识一览表代号,按回车键,显示"方式选择",键入"G"(全程查找),再按回车键,即跳至所要查检的某个检索标识一览表开始位置,进行浏览,找

到所需要的检索标识后，按 F7 键，显示“找什么”，填入检索标识，按回车键，显示“方式选择”，键入“G”，按回车键，即跳至第一条索引处；按^L(Ctrl + L)组合键，则可逐条显示下一被索引处，直至将主文档全部查完。若不需查检索标识一览表，按下 F7 键后，可直接填入检索标识。

若进行任意字词匹配查找，只需按下 F7 键，填入关键字词(可以是一个完整的词，也可以是一个词的任何一部分)，按回车键，键入“G”，按回车键，即可跳至第一个符合的内容处，以后，可按^L 键逐条查检，直至查完。

5 用 WPS 编制的索引的打印问题

打印成书本式的索引必须是有序的，否则无法查检。但 WPS 软件缺少自动排序功能，故只能利用它的其他功能，用特殊的方法排序。

(1)利用插入功能排序。此法是预先置一分类或字顺框架，然后将题录、文摘或索引条目逐条插入相应的位置(可利用 F7 键快速定位)。待所有的题录、文摘或索引条目输入完毕，即成为一个有序的题录、文摘或索引，即可打印成书本式。

(2)利用移动功能排序。如果要对一个无序的题录、文摘或索引文档排序，或要将一个已排序的题录、文摘或索引文档改为另一种序列，这种排序方法要把一个文档分割成适当长度的段或块，首先利用移动功能在段或块内调整次序，然后将各段或各块的相应部分合并，再用移动功能作详细排序，即可成为一个有序的题录、文摘或索引，可打印成书本式。

(3)以上两种方法可结合使用。

(4)若要将在检索中选中的文献或正文内容进行打印，可先作标记(打一特殊符号)，然后将有标记的条目或相关内容做成“块”，将“块”连接起来(也可再用移动功能调整次序)，即可打印输出。

从以上说明，在缺少文献索引专用软件或数据库软件的情况下，WPS 是可以用于索引工作的。虽然它的工作效率比较低(但比手工编索引还是要高得多)，编制的索引也比较简单，只能说是电子索引的低级形态(但还是要比手工编的索引功能强)，特别是对已掌握 WPS 的使用方法而缺乏索引软件和数据库软件知识者，不失为一种权宜之计。

写于 1996 年 12 月 13 日

原载于《图书馆杂志》1997 年第 3 期

关于专著索引上网

前不久,台湾有几个媒体曾发表过几篇“要不要编制书后索引”的讨论文章。其中,陈颖青先生提出一种新思路:将索引脱离原书放在网上让读者需要时自行下载。并且,他还就此进行了实践:将他主编的《蒙娜丽莎五百年》一书的注释、索引等放到网上。我们学会葛永庆先生认为此法不可取,不能用此法来取代附于书后的图书内容索引(专著索引)(见葛永庆《采取积极措施,促进图书索引编制》一文,载《中国索引》2003 年第 3 期)。用索引上网的方式来取代附于书后的图书内容索引,我也觉得不妥。专著索引还是应该随书刊印,以方便使用,从而更好地发挥它的作用。

但是,我认为,陈颖青先生关于索引上网的思路,仍不失为一种创意,可以看作专著索引发表的一种新方式。对于学术价值较高、已经出版而不可能重印的专著,用此法补编内容索引,障碍最少,最易实现。将补编的索引放到网上供下载或查阅,是可行的办法。

这种情况的索引,既可由出版社组织补编,也可由著者本人或他人编制。

这种情况的索引,出处项如果加上一个图书代号(如国际标准书号),就可分类合并为某一学科或专业的群书索引(数据库),使用更方便。

这种情况的索引,最好集中在一个网站发表,以便大家容易找到。建议中国索引学会的新版网站,开辟一个供存放这种索引的栏目。

写完于 2003 年 12 月 4 日
原载于《中国索引》2003 年第 4 期

人—机结合的题内关键词索引可回避汉语分词难题

关键词索引法用于汉文文献时，除题内关键词索引以外，其他各种关键词索引都必须把关键词抽出。人工抽词，相对而言是简单容易的，但仍会遇到一些题名既可这样抽词，也可那样抽词，到底怎样抽法更为合理的问题。

题内关键词索引则不然。由于它不须把关键词完整地从题名中分离出来，是一种“含糊抽词”的办法，这就比其他各种关键词索引的人工抽词更加容易。其具体做法是：在题名中插入一个表示该处要轮排的符号，计算机就复制一个条目并按符号排入相应位置。插入多少个轮排符号，就复制多少个条目，轮排多少次。轮排的规则与外文题内关键词索引相同。

所谓“含糊抽词”，是指只要能分辨出题名中哪个词或词素具有检索意义，也就是可以作为检索入口和能字面成族的，就把它作为关键词排到检索入口位置，而不须再考虑一个词抽到何处结束的问题。

例如，《熹平石经在中国书史上的地位》、《论军队院校图书馆事业发展战略》和《离退休老读者服务工作浅析》(题名中“老”字指“老年”)3 个题名可轮排如图所示：

(检索入口，按音序排)

↓

作浅析　　　　　=	陈翠玲 = 离退休老读者服务工	27AH40
= 陈翠玲 = 离退休老	读者服务工作浅析	27AH40
论军队院校图书馆事业	发展战略　　　　= 马炳厚 =	24CB12
上的地位　　　　=	胡小梅 = 熹平石经在中国书史	15EC58
= 马炳厚 = 论	军队院校图书馆事业发展战略	24CB12
= 陈翠玲 = 离退休	老读者服务工作浅析	27AH40
= 陈翠玲 =	离退休老读者服务工作浅析	27AH40
业发展战略　　　　=	马炳厚 = 论军队院校图书馆事	24CB12
= 胡小梅 = 熹平	石经在中国书史上的地位	15EC58
小梅 = 熹平石经在中国	书史上的地位　　　　= 胡	15EC58
= 马炳厚 = 论军队院校	图书馆事业发展战略	24CB12
= 陈翠玲 = 离	退休老读者服务工作浅析	27AH40
= 胡小梅 =	熹平石经在中国书史上的地位	15EC58
= 马炳厚 = 论军队	院校图书馆事业发展战略	24CB12
= 胡小梅 = 熹平石经在	中国书史上的地位	15EC58

上例中,不须考虑“熹平石经”和“中国书史”是作两个词抽合适还是作4个词抽合适,“军队院校图书馆事业”是作一个词抽合适还是作两个词或3个词抽合适,“离退休老读者服务工作”又怎样抽词才合适的问题,这样不仅回避了分词疑难,而且轮排非常充分。

这种“含糊抽词”方法,实际上是“最长抽词”与“词素轮排”的结合。由于题内关键词索引保留了上下文,虽然“含糊抽词”,关键词含义的明确性却是很好的,并适于浏览。

题内关键词索引还有可能加以改进:

(1)在索引条目中增加著者项(限第一著者,著者也可轮排一次,如上图),将一般题内关键词索引的题录部分简化为地址码与来源文献对照表,这就几乎取消了题录部分,可节省很多篇幅。而且著者移至索引条目中,也便于对文献进行甄别。著者也参与轮排,更增加了著者索引的功能。地址码与来源文献对照表如下:

15EC	图书与情报	1988,No.1
24CB	图书与情报	1988,No.4
27AH	图书馆学刊	1989,No.2

(2)书本式题内关键词索引印在16开幅面上,若用6号字排成双栏,每栏7公分可容纳28字,每页65×2行,就可再压缩索引篇幅至少二分之一。

(3)采用“多级轮排法”,排除一部分重复冗余的轮排条目,则还可以节省一些篇幅(关于“多级轮排法”请看《图书与情报》1992年第4期上我的《汉语检索词词素轮排索引编制法探索》一文)。

(4)在索引中采用一些方便查检的措施:①在一个关键词首字与另一个关键词首字之间设空行;②采用多种关键词首字检字表,等等。

(5)当同一关键词条目特别多时,可对该部分条目用双重关键词形式编制。

(6)当题名中无明确关键词或缺少必要关键词时,可采用增补关键词的办法。

(7)编制后控制词表,以改善关键词法的检索性能。

(8)题内关键词法用于联机检索,也是可能的,而且在一个条目中可以更充分地容纳题名信息。

写完于1993年3月16—18日

原载于《图书馆杂志》1993年第4期

汉语题内关键词索引的一种编制方法

WPS 和 dBASE 结合使用,可编制汉语题内关键词索引,其方法具体如下:

1.1 准备著者、题名和文献号数据条目文本文件 AAA,例:

HAA28 □毛玉姣等‖计算机辅助编制分类主题一体化词表的实践与研究

HAB65 □朴英哲‖微机环境下情报检索系统的实现

HAC48 □王益民‖Internet 及其对图书情报业的影响

HAD37 □陶辅文‖专利引文索引数据库

注:①“HAA”是文献号,其中“HAA”是顺序号,代表一期期刊,“28”是该文在期刊中的起始页码;

②题名(包括著者及符号)不得超过 60 个字节,超长者应缩减到 60 个字节以内。如果文献有副题名,正、副题名都有检索意义而无法缩减到 60 个字节以内时,可把正、副题名拆开分成两个条目,著者和文献号相同;

③著者有两个以上时,应改为第一著者加“等”字,译文可只著录译者。

1.2 编制“文献号与来源文献对照表”(即 GJCD. PRG 程序),以便通过它自动填入来源文献字段(s 字段),具体格式见文末示例。

1.3 将 AAA 数据用 WPS 进行格式转换成为 AAA. TXT。

2.1 将 AAA. TXT 套入 GJC11. DBF(重复套 5 次,即将每个数据条目复制成 5 条)。

注:GJC11 数据库字段为:c = 8,t = 60。

2.2 将 GJC11. DBF 按“t”排序成为 GJC12. DBF,使相同条目集中。

2.3 将 GJC12. DBF 转换成文本文件 BBB(把 SDFRS. TXT 拷贝成 BBB,即可用 WPS 处理),例:

HAA28 □毛玉姣等‖计算机辅助编制分类主题一体化词表的实践与研究

HAA28 □毛玉姣等‖计算机辅助编制分类主题一体化词表的实践与研究

HAA28 □毛玉姣等‖计算机辅助编制分类主题一体化词表的实践与研究

HAA28 □毛玉姣等‖计算机辅助编制分类主题一体化词表的实践与研究

HAA28 □毛玉姣等‖计算机辅助编制分类主题一体化词表的实践与研究

HAB65　□朴英哲‖微机环境下情报检索系统的实现

HAB65　□朴英哲‖微机环境下情报检索系统的实现

HAB65　□朴英哲‖微机环境下情报检索系统的实现

HAB65　□朴英哲‖微机环境下情报检索系统的实现

HAB65　□朴英哲‖微机环境下情报检索系统的实现

2.4　对 BBB 中的著者和题名进行轮排处理,例:

```
                                                       检索入口位置↓
c --------t ------------------------------------------jsrk ----------------------------------------
HAA28                                                  □毛玉姣等‖计算机辅助编制分类主题一体化词表的实践与研究
HAA28                                          □毛玉姣等‖计算机辅助编制分类主题一体化词表的实践与研究
HAA28                              □毛玉姣等‖计算机辅助编制分类主题一体化词表的实践与研究
HAA28                  □毛玉姣等‖计算机辅助编制分类主题一体化词表的实践与研究
HAA28          □毛玉姣等‖计算机辅助编制分类主题一体化词表的实践与研究
HAB65                                                  □朴英哲‖微机环境下情报检索系统的实现
HAB65                                          □朴英哲‖微机环境下情报检索系统的实现
HAB65                              □朴英哲‖微机环境下情报检索系统的实现
HAB65                          □朴英哲‖微机环境下情报检索系统的实现
HAB65                                                 0□朴英哲‖微机环境下情报检索系统的实现
--------------------------------------------------------------------------------------------------
```

注:①题名右栏从第 67 字节开始(可设置位置标志);

②轮排时汉字位置必须对齐,不能错位;

③对轮排多余的条目在前面加“0”,以便排序后集中删除。如需轮排 5 次以上,可用复制法添加条目。

2.5　将 BBB 轮排好的条目数据用 WPS 进行格式转换成为 BBB. TXT。

3.1　将 BBB. TXT 套入 GJC2. DBF。

注:GJC2 数据库字段为:c = 8,a2 = 30,b = 28,a = 32,b2 = 28。

3.2　将 GJC2. DBF 转换成 GJC31. DBF。

注:GJC31 的数据库字段为:b2 = 28,b = 28,w = 1,a = 32,a2 = 30,x = 1,c = 8,y = 1,s = 40。

3.3　将 GJC31. DBF 按“a”排序成为 GJC32. DBF。

3.4　将 GJC32. DBF 转换成文本文件 CCC,进行整理(把 SDFRS. TXT 拷贝成文本文件 CCC,使用“←”和“del”键,所有数据都向左移到规定位置。移动时应慢一点,以免不慎字符被删去,见图示)。

注:①删除带有“0”的条目;

②整理时可设置如下位置标志;

左栏	右栏	文献号	来源文献
bbbbbbbbbbbbbbbbbbbbbbbbbbbbbbbb	aaaaaaaaaaaaaaaaaaaaaaaaaaaaaaaaaaaa	cccccccc	ssssssssssss
□王益民‖	Internet 及其对图书情报业的影响	HAC48	
计算机辅助编制分类主题一体化	词表的实践与研究　　□毛玉姣等‖	HAA28	
□毛玉姣等‖计算机辅助编制	分类主题一体化词表的实践与研究	HAA28	
的实践与研究　　□毛玉姣等‖	计算机辅助编制分类主题一体化词表	HAA28	
□朴英哲‖微机环境下情报	检索系统的实现	HAB65	
一体化词表的实践与研究　　□	毛玉姣等‖计算机辅助编制分类主题	HAA28	
实现　　□	朴英哲‖微机环境下情报检索系统的	HAB65	
□朴英哲‖微机环境下	情报检索系统的实现	HAB65	
□王益民‖Internet 及其对图书	情报业的影响	HAC48	
□陶辅文‖专利引文索引	数据库	HAD37	
□陶辅文‖专利引文	索引数据库	HAD37	
□	陶辅文‖专利引文索引数据库	HAD37	
□王益民‖Internet 及其对	图书情报业的影响	HAC48	
的影响　　□	王益民‖Internet 及其对图书情报业	HAC48	
□朴英哲‖	微机环境下情报检索系统的实现	HAB65	
姣等‖计算机辅助编制分类主题	一体化词表的实践与研究　　□毛玉	HAA28	
□陶辅文‖专利	引文索引数据库	HAD37	
□陶辅文‖	专利引文索引数据库	HAD37	

3.5　将 CCC 整理后的数据用 WPS 进行格式转换成为 CCC. TXT。

4.1　将 CCC. TXT 套入 GJC4. DBF。

注:GJC4 的数据库字段为:b = 28,m = 1,a = 32,n = 1,c = 8,o = 1,s = 40。

4.2　利用 GJCD 对 GJC4 自动填充来源文献字段。

4.3　将 GJC4. DBF 转换成 GJCSY. DBF,供计算机检索(用 BROWSE 命令检索较方便,被隐蔽的 s 字段(来源文献)可用 ctrl + →组合键查看)。

注:GJCSY 的数据库字段为:p = 4,b = 28,a = 32,c = 8,s = 40。

4.4　将 GJC4. DBF 转换成文本格式文件 GJCSY,供手工检索(把 SDFRS. TXT 拷贝成 GJCSY,即可用 WPS 查检或打印输出,格式见下图所示)。

bbbbbbbbbbbbbbbbbbbbbbbbbbbbbb	aaaaaaaaaaaaaaaaaaaaaaaaaaaaaaaaaaaa	ccccccc	sss
□王益民‖	Internet 及其对图书情报业的影响	HAC48	图书情报论丛,1994(4)
计算机辅助编制分类主题一体化	词表的实践与研究　□毛玉姣等‖	HAA28	图书情报学报 1997(3)
□毛玉姣等‖计算机辅助编制	分类主题一体化词表的实践与研究	HAA28	图书情报学报 1997(3)
的实践与研究　□毛玉姣等‖	计算机辅助编制分类主题一体化词表	HAA28	图书情报学报 1997(3)
□朴英哲‖微机环境下情报	检索系统的实现	HAB65	图书馆通讯,1996(5)
一体化词表的实践与研究　□	毛玉姣等‖计算机辅助编制分类主题	HAA28	图书情报学报 1997(3)
实现　□	朴英哲‖微机环境下情报检索系统的	HAB65	图书馆通讯,1996(5)
□朴英哲‖微机环境下	情报检索系统的实现	HAB65	图书馆通讯,1996(5)
□王益民‖Internet 及其对图书	情报业的影响	HAC48	图书情报论丛,1994(4)
□陶辅文‖专利引文索引	数据库	HAD37	情报学论坛,1996(6)
□陶辅文‖专利引文	索引数据库	HAD37	情报学论坛,1996(6)
□	陶辅文‖专利引文索引数据库	HAD37	情报学论坛,1996(6)
□王益民‖Internet 及其对	图书情报业的影响	HAC48	图书情报论丛,1994(4)
的影响　□	王益民‖Internet 及其对图书情报业	HAC48	图书情报论丛,1994(4)
□朴英哲‖	微机环境下情报检索系统的实现	HAB65	图书馆通讯,1996(5)
姣等‖计算机辅助编制分类主题	一体化词表的实践与研究　□毛玉	HAA28	图书情报学报 1997(3)
□陶辅文‖专利	引文索引数据库	HAD37	情报学论坛,1996(6)
□陶辅文‖	专利引文索引数据库	HAD37	情报学论坛,1996(6)

下面提供用 dBASE－Ⅲ编制的四段小程序,其中 GJCA. PRG 执行 2.1－2.3 前半步的操作,GJCB. PRG 执行 3.1－3.4 前半步的操作,GJCC. PRG 执行 4.1－4.4 前半步的操作,GJCD. PRG 要打开填写,但不用单独运行。数据库文件和程序假定都放在 D 盘上(如果放在其他盘上,则需对程序中的盘符进行修改)。为节省篇幅,程序语句连写不分行,语句间用分号隔开,实际使用时应分行写,删去分号。

GJCA. PRG 程序:set talk off; clear; use d:gjc11; append from d:aaa. txt sdf; append from d:aaa. txt sdf; append from d:aaa. txt sdf; append from d:aaa. txt sdf; append from d:aaa. txt sdf; sort to d:gjc12 on t; use d:gjc12; copy to d:sdfrs sdf; use; quit

GJCB. PRG 程序:set talk off; clear; use d:gjc2; append from d:bbb. txtsdf; use d:gjc31; append from d:gjc2; sort to d:gjc32 on a; use d:gjc32; copy to d:sdfrs sdf; use; quit

GJCC. PRG 程序:set talk off; clear; use d:gjc4; append from d:ccc. txtsdf; do

```
d:gjcth; use d:gjcsy; append from d:gjc4; use d:gjc4; copy to d:sdfrs sdf; use; quit
```

GJCD. PRG 程序:

```
use d:gjc4. dbf
repl all s with "图书情报学报,1997(3)" for "HAA"  $ c
repl all s with "图书馆通讯,1996(5)" for "HAB"  $ c
repl all s with "图书情报论丛,1994(4)" for "HAC"  $ c
repl all s with "情报学论坛,1996(6)" for "HAD"  $ c
repl all s with ,"199( )" for ""  $ c
use
```

这种索引方法,使用熟练后每天可处理文献 150—200 篇(包括据原始文献进行著录)。

参考文献

张琪玉. 人—机结合的题内关键词索引可回避汉语分词难题. 图书馆杂志,1993(4): 14 - 15

写完于 1997 年 11 月 3 日

原载于《图书馆理论与实践》1998 年第 1 期

汉语题内关键词索引的另一种编制方法

我曾在《图书馆理论与实践》1998年第1期发表《汉语题内关键词索引的一种编制方法》一文，介绍WPS和dBASE结合，编制题内关键词索引的一种简易方法。本文介绍编制题内关键词索引的另一种方法，也可WPS和dBASE结合使用，或单独用dBASE编制。

本文所介绍的方法与第一种方法相比，差异在于第一种题内关键词索引，其检索入口位置在中部；而本文所介绍的题内关键词索引，其检索入口位置在左方（如图）。本文所介绍的题内关键词索引，编制方法更为简易和灵活，并节省篇幅，但也有不足之处，即索引的可读性比第一种方法稍差。下面说明该索引的具体编制方法。

HOM13	|张琪玉‖汉语题内关键词索引的一种编制方法	图书馆理论与实践，1998(1)
GMA14	|张琪玉‖人—机结合的题内关键词索引可回避汉语分词难题	图书馆杂志，1993(4)
GHU3	|张琪玉‖汉语关键词法探讨	图书馆论坛，1993(1)
GMA14	分词难题|张琪玉‖人—机结合的题内关键词索引可回避汉语	图书馆杂志，1993(4)
GMA14	关键词索引可回避汉语分词难题|张琪玉‖人—机结合的题内	图书馆杂志，1993(4)
HOM13	关键词索引的一种编制方法|张琪玉‖汉语题内	图书馆理论与实践，1998(1)
GHU3	关键词法探讨|张琪玉‖汉语	图书馆论坛，1993(1)
GMA14	汉语分词难题|张琪玉‖人—机结合的题内关键词索引可回避	图书馆杂志，1993(4)
GHU3	汉语关键词法探讨|张琪玉‖	图书馆论坛，1993(1)
HOM13	汉语题内关键词索引的一种编制方法 |张琪玉‖	图书馆理论与实践，1998(1)
GMA14	人—机结合的题内关键词索引可回避汉语分词难题|张琪玉‖	图书馆杂志，1993(4)
HOM13	索引的一种编制方法|张琪玉‖汉语题内关键词	图书馆理论与实践，1998(1)
GMA14	索引可回避汉语分词难题|张琪玉‖人—机结合的题内关键词	图书馆杂志，1993(4)
HOM13	题内关键词索引的一种编制方法|张琪玉‖汉语	图书馆理论与实践，1998(1)
GMA14	题内关键词索引可回避汉语分词难题|张琪玉‖人—机结合的	图书馆杂志，1993(4)

1　文档设置

1.1　索引原始文档

nn. dbf 字段名	w	o	a	b	c	d	e	f	g
长度	10	30	30	30	30	30	30	30	30

（注：w 为文献号字段，其他均为关键词字段）

1.2　过渡文档

以下文档的字段名与 nn. dbf 相同，但字段次序不同：

aa. dbf	w	a	b	c	d	e	f	g	o
bb. dbf	w	b	c	d	e	f	g	o	a
cc. dbf	w	c	d	e	f	g	o	a	b
dd. dbf	w	d	e	f	g	o	a	b	c
ee. dbf	w	e	f	g	o	a	b	c	d
ff. dbf	w	f	g	o	a	b	c	d	e
gg. dbf	w	g	o	a	b	c	d	e	f

aaa. dbf 与 aa. dbf 相同

gjc_34. prg（来源文献文档）

1.3　索引主文档

bbb. dbf	w2	a2	c2
	10	62	50

（注：w2 为文献号字段，a2 为题内关键词字段，c2 为文献出处字段）

2　索引原始文档数据输入

2.1　三种输入方式

(1)在 dBASE 下直接输入原始文档（用 use nn 和 append 两条命令添加，输入完后连按数次回车键即可退出）。

(2)在 WPS 下输入后转换成原始文档

在 WPS 下，设文件名为 gjc，用 N 格式（即“编辑非文书文件”格式，注意不能用

D 格式）按输入规则录入，录入时应绝对与 nn. dbf 规定的字段长度保持一致（即 w 字段的起始位置为第 1 列，其他字段的起始位置为第 11、41、71、101、131、161、191、221 列）。输入完后存盘返回，用 F－1 将 gjc 转换成 gjc. txt。

（3）为现有数据库补编关键词索引

利用 dBASE 将所需数据（不带文献出处字段）复制成 WPS 文件，文件名为 gjc，在"N 编辑非文书文件"格式下用空格键进行整理（仿（2）），再用 F－1 将 gjc 转换成 gjc. txt。

2.2 输入规则

（1）在每条题名之前加"‖"作题名起始符，填入 o 字段；

（2）题名起始部分若为非关键词（如"试论"、"关于"等），与"‖"一起填入 o 字段；若为关键词，填入 a—g 字段；

（3）关键词后的非关键词，随关键词填入同一字段（如"索引的一种编制方法"），以保证 a—g 各字段都从关键词开始，或者说，不让非关键词成为一个独立字段；

（4）如果一个词组分割成几段可以增加检索入口和字面成族机会，则可把每段作为一个关键词分别填入多个字段（例如"汉语题内关键词索引"可分割成"汉语"、"题内"、"关键词"、"索引"四段分别填入）；

（5）在著者（置于题名后，也作为关键词）之前加"|"，符号与著者名填入同一字段。

3 数据处理

3.1 程序说明

若采用第一种输入方式，则运行 gjc_31a. prg 程序，运行结果在 a 字段前面一些条目是空白的，要将其删除（步骤是先查明需删条数，按 esc 键，再逐步用 use aaa、go 1、dele next 需删条数、pack 四条命令删除）。以后再运行 gjc_32. prg 程序。关键词索引正文可在 dBASE 下用 browse 命令查看 bbb. dbf，也可在 WPS 下查看 sdfrs. txt（若将 sdfrs. txt 复制为 WPS 文件，则可长期保存）。

若采用第二种和第三种输入方式，则运行 gjc_31b. prg 程序，运行结果在 a 字段前面一些条目是空白的，要将其删除（步骤是先查明需删条数，按 esc 键，再用 useaaa、go 1、dele next 需删条数、pack 四条命令删除）。以后再运行 gjc_32. prg 程序。关键词索引正文可在 dBASE 下用 browse 命令查看 bbb. dbf,也可在 WPS 下查看 sdfrs. txt(若将 sdfrs. txt 复制为 WPS 文件,则可长期保存)。

gjc_33. prg 程序的功能是将文件逐个删空。如果要保留以前的原始数据,则不要把 nn. dbf 删空(但为防止该文件数据被不慎删去,程序中在被删前还作了另存 mm. dbf 的处理)。

gjc_34. prg 是接到 GJC_32. prg 尾部自动填充 c2 来源文献字段的,不需要单独运行。此程序实际上是一个文件,可在 WPS 的 N 格式下输入数据,格式如:

repl all c2 with "中国图书馆学报,1998(1)" for "SSS" $ w2

(注:文献号由来源文献编号和文献起始页码两部分组成,SSS 为文献号中表示来源文献的顺序编号部分,期刊每期编一号)。

3.2 程序全文

3.2.1 GJC_31A. prg 程序:

```
use aa|append from nn|use bb|append from nn|use cc|append from nn|
use dd|append from nn|use ee|append from nn|use ff|append from nn|
use gg|append from nn|use bb|copy to sdfrs sdf|use aa|
append from sdfrs sdf|use cc|copy to sdfrs sdf|use aa|
append from sdfrs sdf|use dd|copy to sdfrs sdf|use aa|
append from sdfrs sdf|use ee|copy to sdfrs sdf|use aa|
append from sdfrs sdf|use ff|copy to sdfrs sdf|use aa|
append from sdfrs sdf|use gg|copy to sdfrs sdf|use aa|
append from sdfrs sdf|sort to aaa on a|use aaa|browse|use|return
```

3.2.2 GJC_31B. prg 程序:

```
use nn|append from gjc. txt sdf|use aa|append from nn|use bb|
append from nn|use cc|append from nn|use dd|append from nn|use ee|
append from nn|use ff|append from nn|use gg|append from nn|use bb|
copy to sdfrs sdf|use aa|append from sdfrs sdf|use cc|
copy to sdfrs sdf|use aa|append from sdfrs sdf|use dd|
copy to sdfrs sdf|use aa|append from sdfrs sdf|use ee|
copy to sdfrs sdf|use aa|append from sdfrs sdf|use ff|
copy to sdfrs sdf|use aa|append from sdfrs sdf|use gg|
copy to sdfrs sdf|use aa|append from sdfrs sdf|sort to aaa on a|
use aaa|browse|use|return
```

3.2.3 GJC_32. prg 程序：

```
set talk off|sele 1|use aaa|sele 2|use bbb|sele aaa|go 1|
do while . not. eof( )|store w to ww|store trim(a) to aa|
store trim(b) to bb|store trim(c) to cc|store trim(d) to dd|
store trim(e) to ee|store trim(f) to ff|store trim(g) to gg|
store trim(o) to oo|aa = aa + bb + cc + dd + ee + ff + gg + oo|sele bbb|appe blank|
repl a2 with aa|repl w2 with ww|sele 1|skip|enddo|sele bbb|
do gjc_34|sele 3|use bbb|copy to sdfrs sdf|browse|use|return
```

3.2.4 GJC_33. prg 程序：

```
use nn|copy to mm|zap|use aa|zap|use bb|zap|use cc|zap|
use dd|zap|use ee|zap|use ff|zap|use gg|zap|use aaa|zap|
use bbb|zap|use
```

3.2.5 GJC_34. prg 程序：

```
repl all c2 with ",( )" for "" $ w2|repl all c2 with ",( )" for "" $ w2|repl all c2
with ",( )" for "" $ w2|repl all c2 with ",( )" for "" $ w2|use
```

写完于 1998 年 7 月 3 日

原载于《图书馆理论与实践》1998 年第 4 期

汉语题内关键词索引的第三种编制方法

我曾在《图书馆理论与实践》1998 年第 1 期上发表《汉语题内关键词索引的一种编制方法》一文和在 1998 年第 4 期上发表《汉语题内关键词索引的另一种编制方法》一文,介绍过两种汉语题内关键词索引的编制方法。本文再介绍一种汉语题内关键词索引的编制方法,也是使用 dBASE 编制的。

这种方法是对第二种方法的程序加以修改而成的。其特点是每条索引款目分为上、中、下三行,检索入口位置在第二行的左方,第一行是题名的前段,第三行为著者和出处。这种题内关键词索引的形式比前两种可读性好。它的轮排形式类似于 PRECIS 索引的形式,但比 PRECIS 读起来更自然。它是自然语言,检索入口位置在第二行左方,两行全部顺读;PRECIS 是规范语言,检索入口位置在第一行左方,第一行必须倒读,这是两者的不同处。

这种索引主要适合于联机检索(按输入的关键词检索或浏览检索)。虽然也可转换成文本格式输出(印成书本式),但转换后需要用人工进行格式整理,这是它的局限。

下面是索引的样式和具体编制方法。

1　面向信息时代的外文原版图书　GAS34
采访工作
侯汝秋　图书馆工作与研究,1999(4),34 - 36

2　资源共享网络环境下的　GAS37
馆藏文献资源建设
秦兆菊　图书馆工作与研究,1999(4),37 - 38

3　面向信息时代的外文原版　GAS34
图书采访工作
侯汝秋　图书馆工作与研究,1999(4),34 - 36

4　GAS57
图书馆信息服务面对知识经济冲击下的问题与对策研究
王宝霞　图书馆工作与研究,1999(4),57 - 59

5　面向信息时代的　GAS34

外文原版图书采访工作

侯汝秋　　图书馆工作与研究,1999(4),34－36

6　资源共享　GAS37

网络环境下的馆藏文献资源建设

秦兆菊　　图书馆工作与研究,1999(4),37－38

7　资源共享网络环境下的馆藏　GAS37

文献资源建设

秦兆菊　　图书馆工作与研究,1999(4),37－38

8　图书馆　GAS57

信息服务面对知识经济冲击下的问题与对策研究

王宝霞　　图书馆工作与研究,1999(4),57－59

9　面向　GAS34

信息时代的外文原版图书采访工作

侯汝秋　　图书馆工作与研究,1999(4),34－36

10　面向信息时代的外文　GAS34

原版图书采访工作

侯汝秋　　图书馆工作与研究,1999(4),34－36

11　图书馆信息服务面对　GAS57

知识经济冲击下的问题与对策研究

王宝霞　　图书馆工作与研究,1999(4),57－59

12　GAS37

资源共享网络环境下的馆藏文献资源建设

秦兆菊　　图书馆工作与研究,1999(4),37－38

1　文档设置

1.1　索引原始文档

nn.dbf 字段名	wxh	o	a	b	c	d	e	f	g	zz	xx
长度	8	30	30	30	30	30	30	30	30	16	41

(注:wxh 为文献号字段,zz 为著者字段,xx 为出处字段,其余为题名关键词字段)

1.2　过渡文档

bbb_1.dbf 字段名　a2　w2　o1　b2　o2　zz　xx

长度　61　8　8　70　20　16　41

（注：a2 为第一行题名关键词字段，b2 为第二行题名关键词字段，wxh 为文献号字段，zz 为著者字段，xx 为出处字段，o1 和 o2 为空字段）

bbb_2. dbf 同上

bbb_3. dbf 同上

bbb_4. dbf 同上

bbb_5. dbf 同上

bbb_6. dbf 同上

bbb_7. dbf 同上

bbb. dbf 字段名	oo	a2	w2	o1	b2	o2	zz	xx
长度	1	59	8	8	70	20	16	41

（注：a2 为第一行题名关键词字段，b2 为第二行题名关键词字段，wxh 为文献号字段，zz 为著者字段，xx 为出处字段，oo，o1 和 o2 为空字段）

1.3 索引主文档

bbbb. dbf 同 bbb. dbf（自动生成）

2 索引原始文档数据输入

2.1 输入方式

在 dBASE 下直接输入索引原始文档，即用 use nn 和 append 两条命令添加，输入完后连按数次回车键退出。

若要在 WPS 下输入后转换成索引原始文档，可参看《图书馆理论与实践》1998 年第 4 期《汉语题内关键词索引的另一种编制方法》一文 2.1(2)节。

2.2 输入规则

(1)题名起始部分若为非关键词（如"试论"、"关于"等），填入 o 字段；若为关键词，填入 a ~ g 字段；

(2)关键词后的非关键词，随关键词填入同一字段（如"索引的一种编制方法"），以保证 a ~ g 各字段都从关键词开始，或者说，不让非关键词成为一个独立字段或处于检索入口位置；

(3)如果一个词组分割成几段可以增加检索入口和字面成族机会，则可把每段作为一个关键词分别填入多个字段（例如"汉语题内关键词索引"可分割成"汉语”、“题内”、“关键词”、“索引”四段分别填入）；

（4）著者、出处填入相应字段。

3 数据处理

3.1 程序说明

（1）原始数据文档输入完毕后，运行 gjc_41. prg 程序，屏幕上两次出现“输入数据库名”，均键入“bbbb”，然后出现“bbbb. dbf 已经存在，是否将它覆盖”，应键入“y”；

（2）运行 gjc_41. prg 程序的结果存入 bbbb. dbf（该库已被最后一条命令 browse 打开），让 b2 字段显示在屏幕上时，可发现 b2 字段从第一条起有一段空白，要将其删除（步骤是先查明需删条数，按 esc 键，再逐步用 go 1、dele next 和需删条数以及 pack 三条命令删除）。这样，索引主文档就可正式使用了；

（3）若是在原始数据文档后部添加数据，则必须先运行 gjc_42. prg 程序（nn. dbf 文档不可删），才可运行 gjc_41. prg 程序；

（4）若要按关键词检索，可用“set heading off”和“disp all for b2 = ‘关键词’”两个命令句进行检索；

（5）若要浏览检索，可用上述(4)的命令句，但只输入一个或两个汉字，定位到字顺序列中以该汉字起始的检索入口位置，再往下浏览；也可用 BROWSE 命令和翻页键进行浏览，但因屏幕上只能容纳第二行，要使用 Ctrl + ←或 Ctrl + →键才能看第一行和第三行；

（6）若要按著者名或刊名检索，可用“disp all for zz = ‘著者名’”命令句或“disp all for xx = ‘刊名’”命令句进行检索；

（7）运行 gjc_41 后，除 bbbb. dbf 这个索引主文档外，还可发现一个 zzzz. dbf 文档，那是 bbbb. dbf 的自动备份；

（8）gjc_42. prg 程序的功能是将文件逐个删空。如果要保留以前的原始数据，则不要把 nn. dbf 删空（但为防止该文件数据被不慎删去，程序中在被删前还作了另存 mm. dbf 的处理）。

3.2 程序全文

为节省篇幅，程序语句连写不分行，语句间用|号隔开，实际使用时应分行写，删去|号。

3.2.1 GJC_41. prg 程序

```
do gjc_411|use|do gjc_412|use|
do gjc_413|use|do gjc_414|use|
do gjc_415|use|do gjc_416|use|
do gjc_417|use bbb|
appe from bbb_1|appe from bbb_2|
appe from bbb_3|appe from bbb_4|
appe from bbb_5|appe from bbb_6|
appe from bbb_7|sort to bbbb on b2|
use bbbb|copy to zzzz|brow|
```

3.2.2 GJC_411. PRG 程序

```
set talk off|sele 1|use nn|
sele 2|use bbb_1|sele 1|go 1|
do while . not. eof( )|
store wxh to ww|store trim(a) to aa|
store trim(b) to bb|
store trim(c) to cc|
store trim(d) to dd|
store trim(e) to ee|
store trim(f) to ff|
store trim(g) to gg|
store trim(o) to oo|
store trim(zz) to zzz|
store trim(xx) to xxx|
ss = oo|
tt = aa + bb + cc + dd + ee + ff + gg|
sele 2|appe blank|
repl a2 with ss|repl b2 with tt|
repl w2 with ww|repl zz with zzz|
repl xx with xxx|sele 1|skip|
enddo|use|return
```

3.2.3 GJC_412 程序

同 GJC_411. PRG 程序，唯 bbb_1 要改为 bbb_2，并有两句要改为：

```
ss = oo + aa|
tt = bb + cc + dd + ee + ff + gg|
```

3.2.4 GJC_413. prg 程序

同 GJC_411. PRG 程序，唯 bbb_1 要改为 bbb_3，并有两句要改为：

```
ss = oo + aa + bb|
tt = cc + dd + ee + ff + gg|
```

3.2.5 GJC_414. prg 程序

同 GJC_411. PRG 程序，唯 bbb_1 要改为 bbb_4，并有两句要改为：

```
ss = oo + aa + bb + cc|
tt = dd + ee + ff + gg|
```

3.2.6 GJC_415. prg 程序

同 GJC_411. PRG 程序，唯 bbb_1 要改为 bbb_5，并有两句要改为：

```
ss = oo + aa + bb + cc + dd|
tt = ee + ff + gg|
```

3.2.7 GJC_416. prg 程序

同 GJC_411. PRG 程序，唯 bbb_1 要改为 bbb_6，并有两句要改为：

```
ss = oo + aa + bb + cc + dd + ee|
tt = ff + gg|
```

3.2.8 GJC_417. prg 程序

同 GJC_411. PRG 程序，唯 bbb_1 要改为 bbb_7，并有两句要改为：

```
ss = oo + aa + bb + cc + dd + ee + ff|
tt = gg|
```

3.2.9 GJC_42. PRG 程序

```
use nn|copy to mm|zap|
use bbb_1|zap|use bbb_2|zap|
use bbb_3|zap|use bbb_4|zap|
use bbb_5|zap|use bbb_6|zap|
use bbb_7|zap|use bbb|zap|
use bbbb|zap|use
```

写完于 1999 年 8 月 21 日

原载于《图书馆杂志》1999 年第 11 期

基于含糊抽词的汉语题内关键词索引与数据库分析

1　关键词索引与数据库一般原理、结构与功能

文献题名是文献著者经过深思熟虑后拟定的，用以表达文献主题内容的名称。除文艺作品外，文献题名一般都能较好地表达文献的主题内容。但实际上，在手工编制检索工具的条件下，文献题名并不能直接作为一种内容检索途径（它只能作为一种文献外表特征，用于已知题名的检索）。

本来就是用以表达文献主题内容的文献题名，之所以不能直接作为内容检索途径，其原因是多方面的，它在字顺序列中不能很好地提供准确有效的文献内容检索入口，是其不能直接作为文献内容检索途径的诸多原因之一。

检索工具编制过程的计算机化，使文献题名直接提供文献内容检索途径成为可能，这就是关键词索引与数据库，特别是题内关键词索引与数据库。

题内关键词索引与数据库是利用文献题名中对表征文献主题内容具有实质意义的语词，亦即对揭示和描述文献主题内容来说是重要的、带关键性的（可以作为检索"入口"的）那些语词，作为检索词，连同题名中其余的语词并保持原有词序，进行轮排，从而提供多个检索入口的那类索引与数据库。按其实质，这是在情报检索中直接使用自然语言的一种方法，是索引编制过程计算机化的产物。

对于词与词之间以空格作为分隔标志的语言（如英语、俄语等），在编制关键词索引和数据库时，可以利用空格以及非用词表（非关键词表）作为自动识别关键词的手段而实现自动标引。但是对于汉语而言，尚不可能利用各种汉语自动分词法来实现汉语关键词的自动识别。为了使关键词索引与数据库保持较高的质量，需要采取人工辅助的办法来识别题名中的关键词。这里所说的"人工辅助"，是指对题名中的关键词由标引人员来进行识别。但是，仍有一些题名识别其关键词会遇到困难（既可这样认为某几个汉字的组合是一个关键词，也可那样认为某几个汉字的组合是一个关键词）。所以，"含糊抽词"（也可称为"模糊抽词"）就成为提高汉语题内关键词索引与数据库标引质量和检索效率的重要方法。

所谓"含糊抽词"（参看参考文献[1]），是指题名中凡是具有检索意义，可以作为检索入口和能字面成族的词组、词或词素，都把它作为关键词排到检索入口位

置，而不须再考虑到底哪几个汉字的组合才算一个词，一个词抽到何处结束的问题。用这种方法来确定题名中的关键词更加容易，而且明显可提高检全率，但不会影响检准率。

下面是基于含糊抽词的汉语题内关键词索引的四种样式，其中B-2式是B-1式稍加改变而成的，B-2式和C式在输出成为印刷型时要稍加人工整理，因而与数据库的样式略有不同。

这些题内关键词索引与数据库，都是关键词与著者混合的索引与数据库，具有双重检索功能。

这些题内关键词索引与数据库的编制方法及计算机程序，请参看参考文献[2][3][4]。

A式关键词索引的样式（检索入口在第二栏左端）如下：

关于编辑全国报纸	版名目录索引的思考|王桂银‖	中国索引,2003,(1),17-20	PRQ17
关于编辑全国	报纸版名目录索引的思考|王桂银‖	中国索引,2003,(1),17-20	PRQ17
台湾中图法》电子版的比较|	陈锦屏等‖《中图法》《资料法》《	中国索引,2003,(2),24-26,53	PRT24
》《资料法》《台湾中图法》	电子版的比较|陈锦屏等‖《中图法	中国索引,2003,(2),24-26,53	PRT24
光盘	电子黄页的设计与实现|倪俊峰‖	中国索引,2003,(2),15-17	PRT15
	光盘电子黄页的设计与实现|倪俊峰‖	中国索引,2003,(2),15-17	PRT15
光盘电子	黄页的设计与实现|倪俊峰‖	中国索引,2003,(2),15-17	PRT15
关于编辑全国报纸版名	目录索引的思考|王桂银‖	中国索引,2003,(1),17-20	PRQ1
光盘电子黄页的设计与实现|	倪俊峰‖	中国索引,2003,(2),15-17	PRT15
现代的索引就是	数据库|张琪玉‖	中国索引,2003,(1)4-6	PRQ4
关于编辑全国报纸版名目录	索引的思考|王桂银‖	中国索引,2003,(1),17-20	PRQ17
现代的	索引就是数据库	中国索引,2003,(1)4-6	PRQ4
‖ 《中图法》《资料法》《	台湾中图法》电子版的比较|陈锦屏等	中国索引,2003,(2),24-26,53	PRT24
国报纸版名目录索引的思考|	王桂银‖ 关于编辑全	中国索引,2003,(1),17-20	PRQ17
现代的索引就是数据库|	张琪玉‖	中国索引,2003,(1)4-6	PRQ4
子版的比较|陈锦屏等	《中图法》《资料法》《台湾中图法》电	中国索引,2003,(2),24-26,53	PRT24
《中图法》《资料法》《台湾	中图法》电子版的比较|陈锦屏等‖	中国索引,2003,(2),24-26,53	PRT24
|陈锦屏等‖《中图法》《	资料法》《台湾中图法》电子版的比较	中国索引,2003,(2),24-26,53	PRT24

B－1式关键词索引的样式(检索入口在左端)如下：

·版名目录索引的思考‖王桂银＝关于编辑全国报纸	中国索引,2003,(1),17－20	PRQ17
·报纸版名目录索引的思考‖王桂银＝关于编辑全国	中国索引,2003,(1),17－20	PRQ17
·陈锦屏等＝《中图法》《资料法》《台湾中图法》电子版的比较‖	中国索引,2003,(2),24－26,53	PRT24
·电子版的比较‖陈锦屏等＝《中图法》《资料法》《台湾中图法》	中国索引,2003,(2),24－26,53	PRT24
·电子黄页的设计与实现‖倪俊峰＝光盘	中国索引,2003,(2),15－17	PRT15
·光盘电子黄页的设计与实现‖倪俊峰＝	中国索引,2003,(2),15－17	PRT15
·黄页的设计与实现‖倪俊峰＝光盘电子	中国索引,2003,(2),15－17	PRT15
·目录索引的思考‖王桂银＝关于编辑全国报纸版名	中国索引,2003,(1),17－20	PRQ17
·倪俊峰＝光盘电子黄页的设计与实现‖	中国索引,2003,(2),15－17	PRT15
·数据库‖张琪玉＝现代的索引就是	中国索引,2003,(1),4－6	PRQ4
·索引的思考‖王桂银＝关于编辑全国报纸版名目录	中国索引,2003,(1),17－20	PRQ17
·索引就是数据库‖张琪玉＝现代的	中国索引,2003,(1),46	PRQ4
·台湾中图法》电子版的比较‖陈锦屏等＝《中图法》《资料法》《	中国索引,2003,(2),24－26,53	PRT24
·王桂银＝关于编辑全国报纸版名目录索引的思考‖	中国索引,2003,(1),17－20	PRQ17
·张琪玉＝现代的索引就是数据库‖	中国索引,2003,(1),4－6	PRQ4
·中图法》《资料法》《台湾中图法》电子版的比较‖陈锦屏等＝	中国索引,2003,(2),24－26,53	PRT24
·中图法》电子版的比较‖陈锦屏等＝《中图法》《资料法》《台湾	中国索引,2003,(2),24－26,53	PRT24
·资料法》《台湾中图法》电子版的比较‖陈锦屏等＝《中图法》	中国索引,2003,(2),24－26,53	PRT24

B－2式关键词索引的样式(检索入口在左端)如下：

·版名目录索引的思考‖王桂银＝关于编辑全国报纸

　　中国索引,2003,(1),17－20　　PRQ17

·报纸版名目录索引的思考‖王桂银＝关于编辑全国

　　中国索引,2003,(1),17－20　　PRQ17

·陈锦屏等＝《中图法》《资料法》《台湾中图法》电子版的比较‖

　　中国索引,2003,(2),24－26,53　　PRT24

·电子版的比较‖陈锦屏等＝《中图法》《资料法》《台湾中图法》

　　中国索引,2003,(2),24－26,53　　PRT24

·电子黄页的设计与实现‖倪俊峰＝光盘

中国索引,2003,(2),15－17 PRT15

·光盘电子黄页的设计与实现‖倪俊峰＝

中国索引,2003,(2),15－17 PRT15

·黄页的设计与实现‖倪俊峰＝光盘电子

中国索引,2003,(2),15－17 PRT15

·目录索引的思考‖王桂银＝关于编辑全国报纸版名

中国索引,2003,(1),17－20 PRQ17

·倪俊峰＝光盘电子黄页的设计与实现‖

中国索引,2003,(2),15－17 PRT15

·数据库‖张琪玉＝现代的索引就是

中国索引,2003,(1),4－6 PRQ4

·索引的思考‖王桂银＝关于编辑全国报纸版名目录

中国索引,2003,(1),17－20 PRQ17

·索引就是数据库‖张琪玉＝现代的

中国索引,2003,(1),4－6 PRQ4

·台湾中图法》电子版的比较‖陈锦屏等＝《中图法》《资料法》《

中国索引,2003,(2),24－26,53 PRT24

·王桂银＝关于编辑全国报纸版名目录索引的思考‖

中国索引,2003,(1),17－20 PRQ17

·张琪玉＝现代的索引就是数据库‖

中国索引,2003,(1),4－6 PRQ4

·中图法》电子版的比较‖陈锦屏等＝《中图法》《资料法》《台湾

中国索引,2003,(2),24－26,53 PRT24

·中图法》《资料法》《台湾中图法》电子版的比较‖陈锦屏等＝《

中国索引,2003,(2),24－26,53 PRT24

·资料法》《台湾中图法》电子版的比较‖陈锦屏等＝《中图法》《

中国索引,2003,(2),24－26,53 PRT24

C式关键词索引的样式(检索入口在第二行左端)如下:

关于编辑全国报纸　　PRQ17
• 版名目录索引的思考
王桂银　　中国索引,2003,(1),17－20

关于编辑全国　　PRQ17
• 报纸版名目录索引的思考
王桂银　　中国索引,2003,(1),17－20

《中图法》《资料法》《台湾中图法》　　QRT24
• 电子版的比较
陈锦屏等　　中国索引,2003,(1),24－26,53

光盘　　PRT15
• 电子黄页的设计与实现
倪俊峰　　中国索引,2003,(2),15－17

PRT15
• 光盘电子黄页的设计与实现
倪俊峰　　中国索引,2003,(2),15－17

光盘电子　　PRT15
• 黄页的设计与实现
倪俊峰　　中国索引,2003,(2),15－17

关于编辑全国报纸版名　　PRQ17
• 目录索引的思考
王桂银　　中国索引,2003,(1),17－20

现代的索引就是　　PRQ4
• 数据库
张琪玉　　中国索引,2003,(1),4－6

关于编辑全国报纸版名目录　　PRQ17
• 索引的思考
王桂银　　中国索引,2003,(1),17－20

现代的　　PRQ4
• 索引就是数据库
张琪玉　　中国索引,2003,(1),4－6

《中图法》《资料法》《　　PRT24
• 台湾中图法》电子版的比较
陈锦屏等　　中国索引,2003,(1),24－26,53

《　　PRT24
•《中图法》《资料法》《台湾中图法》电子版的比较
陈锦屏等　　中国索引,2003,(1),24－26,53

《中图法》《资料法》《台湾　　PRT24
• 中图法》电子版的比较
陈锦屏等　　中国索引,2003,(1),24－26,53

《中图法》《　　PRT24
• 资料法》《台湾中图法》电子版的比较
陈锦屏等　　中国索引,2003,(1),24－26,53

2 从检全率和检准率看题内关键词索引与数据库

关键词索引与数据库标引－检索所用的语言是自然语言，缺乏规范性，这必然会影响检全率。但这只是一个方面，另一个方面是：关键词索引与数据库，特别是基于含糊抽词的关键词索引与数据库，其标引深度比较大，标引频率一般可达到4左右（不包括著者），每个关键词都可以聚类，这可以提高检全率。所以，它与其他标引深度较浅的标引－检索用语言相比，检全率还是较高的。

题内关键词索引与数据库由于保留了题名的全部用词和原有词序，故其中的任何一个关键词，都在上下文语言环境中，其专指度和区别能力都比较高，检准率也就比较高。题名的长短和用词准确性，则是影响其检准率的主要因素。

3 从检索方便性看题内关键词索引与数据库

上述四种样式的关键词索引中，A式的检索入口在右栏左端，C式的检索入口在第二行，B–1式和B–2式的检索入口虽然都在左端，但除个别条目外，题名都被截为两段并倒置，这对未用过轮排索引的读者可能会感到不大习惯，不过，这种不习惯是很快会消除的。

题内关键词索引的检索入口多，每个作为检索入口的关键词都可与相同关键词字面成族，便于浏览，检索者可从任意角度进行检索，只要检索者明确自己的检索重点，都能较快地直接地获得所需文献。

所以，题内关键词索引与数据库的检索方便性还是相当好的。

4 从编制难度和成本看题内关键词索引与数据库

以上4种汉语题内关键词索引与数据库样式中，除A式编制工序较多外，其他3种样式的编制工序都很简单，只要按规则输入著录数据就成了，特别是关键词索引与数据库不需要人工分类或主题标引，而人工含糊识别关键词是比较容易的，所以可以说反而比一般题录索引与数据库更容易编制。

从这些索引与数据库标引深度较大和检索效率较高的情况看，相对于所花费的编制人力而言，其编制成本是较低的。

5 基于含糊抽词的汉语题内关键词索引与数据库的进一步完善

这类索引与数据库尚有一些需要进一步研究、完善之处：

(1)文献题名本身的质量，是这类索引与数据库质量的制约因素。故如何提高题名本身的质量(如对原题名作必要的修改、增补等)，是值得研究的方法。

(2)关键词不规范，是影响这类索引与数据库检全率的主要原因。故有必要在同义词、近义词之间插入一些“参见”参照或超链接(采用后控制词表也是一种办法)，以及对于一些重复较多的轮排点进行归并(在一处用“见”参照或超链接引向被保留的一处)。

(3)印刷型索引的格式整理(输出排版格式)能否实现自动化。

(4)含糊抽词能否部分实现自动化。

(5)在数据库中采用快速定位技术。

(6)关键词索引难以更新(每次插入新条目要重新作格式整理)的问题(第三个问题如能解决则此问题便不存在)。

(7)目前的索引样式是用 WPS 做成的，转到 WINDOWS 环境时每行长度会变得参差不齐，极不美观，需要解决。

参考文献

[1]张琪玉. 人—机结合的题内关键词索引可回避汉语分词难题. 图书馆杂志，1993(4)：14－15

[2]张琪玉. 汉语题内关键词索引的一种编制方法. 图书馆理论与实践，1998(1)：13－15

[3]张琪玉. 汉语题内关键词索引的另一种编制方法. 图书馆理论与实践，1998(6)：38－40

[4]张琪玉. 汉语题内关键词索引的第三种编制方法. 图书馆杂志，1999(11)：8－10

写于 2004 年 5 月 4 日

原载于《中国索引》2004 年第 2 期

改造题名的汉语题内关键词索引数据库

本文提出汉语题内关键词索引的第四种编制方法的构想(其他3种见参考文献)。

关于改造题名的汉语题内关键词索引数据库的基本思路

文献题名的质量是影响关键词索引的质量的主要因素。自然的文献题名虽然可以使用于关键词索引,但还有不少欠缺,例如用词不规范、题名句子不完善、存在一些累赘无用的词等,会影响检索效率。故从改造题名入手,采用一些情报检索语言的原理和方法加以控制,必然会提高关键词索引数据库的质量,这就是关于改造题名的汉语题内关键词索引数据库的基本思路。

题名改造的内容

可以归纳为下列两个方面:

一是对题名文句的修饰、增补和删简。包括:

(1)遗漏重要关键词的增补;

(2)在自动换词过程中会产生错误的词组(如两词合并连写型词组等)的复原、改正;

(3)同形异义词和词义含糊的词的处理;

(4)表达不清楚的题名的改写;

(5)长题名的分拆;

(6)检索无用的词的删除。

二是对题名用词的规范,包括:

(1)将各种情况的同义词(包括缩略词)转换成优选词,以集中排列索引条目,便于浏览;

(2)将没有必要区分的近义词转换成优选词,以集中排列索引条目,便于浏览。

改造题名的汉语题内关键词索引数据库的编制法要点

对题名的改造(修饰、增补、删简、规范)仅用于题内关键词索引款目字段,另设一字段储存未改造的原题名，输出时可还原成原题名。

对题名文句的修饰、增补和删简都用人工完成，一般不作大的变动（不重拟），保持题名基本叙述形式。

对题名用词的规范，是将经修饰、增补的文献题名使用一种同义词、近义词与优选词的对应表把同义词和近义词自动对应转换成优选词（即规范词），然后套入关键词轮排软件（可参照参考文献（1）（2））进行轮排。

对应表则留作自然语言入口。

对应表可增补。用增补后的对应表对已有数据重新对应转换和重新排序，可使数据库得到进一步的规范。也就是说，数据库的规范程度将随对应表的改进逐步提高。

改造题名的汉语题内关键词索引数据库的检索性能

这种汉语题内关键词索引数据库中的关键词已得到一定程度的规范，故在性能上比较接近于情报检索语言。

文献题名经过修饰、删简和规范处理，基本上成为比较简洁和比较规范（因而可以将含有同义关键词和近义关键词的题名集中排列在一起）的轮排款目了，因此，更适合于在检索中进行浏览，但仍缺乏借助于参照系统进行扩检、缩检的功能。

它有自然语言入口的功能。

这实际上是将情报检索语言的原理和方法应用于自然语言。因为对题名的改造一般不采取重拟措施（多数文献题名不需修饰、删简），故花费人工不会太多，但检索效率却会有较大提高。

参考文献

[1]张琪玉. 汉语题内关键词索引的一种编制方法. 图书馆理论与实践，1998(1)

[2]张琪玉. 汉语题内关键词索引的另一种编制方法. 图书馆理论与实践，1998(4)

[3]张琪玉. 汉语题内关键词索引的第三种编制方法. 图书馆杂志，1999(11)

[4]张琪玉. 概念或标识自动转换技术的应用. 图书馆杂志，1998(6)

写完于2002年5月27日

原载于《图书馆理论与实践》2003年第3期

全文检索与索引

许多检索系统的设计者主张用单纯的全文检索取代各种索引,以便取消标引环节以及分类表词表的编制维护工作,从而大大降低系统的设计运行成本。他们以为,全文检索是多功能的,可以满足各种各样的检索要求。有了全文检索功能再去编制各种索引,纯属多余,这种主张值得商榷。

1 全文检索的实质

全文检索是当前自然语言检索的主流,是关键词检索技术的主要用途,它相当普及,几乎成了自然语言检索的同义词。它是对文本数据库进行任意字词的遍历式匹配检索,依次找出文本中全部与检索者所输入的关键词或词的片断完全一致的地方。简单地说,它的实质是:“关键词检索+计算机辅助文本浏览”。

全文检索虽有类似索引的功能,但它不是一种索引。全文检索与索引的根本区别在于:索引有标目,标目是对文献整体主题或局部主题或有信息价值的主题因素的确切表达,指出出处,并按某种可检顺序排列的明确指示。全文检索则没有标目,或者说,文本的每一个字词都可以充当标目,没有从检索价值对文献内容进行分析标引的过程。

2 全文检索的检索性能

从总体上说,全文检索有较大的局限性:

(1)全文检索仅仅能用于电子文献的检索。目前仍然占主要地位的传统文献无法采用全文检索(除非将其转化为文本型全文数据库而非图像型全文数据库,但这样成本就很高)。而索引(包括索引数据库)却可用于对一切文献(包括电子文献)的检索;

(2)索引分为检索情报源的索引(文献篇目索引)和直接检索事实情报的索引(图书内容索引)两大基本类型。全文检索的功能仅仅类似于后一索引类型。

2.1 全文检索适应的检索范围

（1）全文检索是自然语言检索的一个很大的进步：①它把文献检索与原文获取两个检索步骤合二为一了，可以用关键词直接从文献原文中进行匹配检索并即时浏览阅读文献内容，达到“即检即阅”的极大方便性；②它没有标引环节，从而极大地降低了处理成本和加快处理速度。这正是全文检索的最大优点；

（2）文献内容的叙述离不开关键词。全文检索用关键词直接查找文本中的相关内容，深入到了文献的细部，比图书内容索引还要深入。

关键词检索与主题检索性质类似，但检索方法却十分简单，可以说，“想查什么就查什么”。

（3）全文检索对于用专有名词表示的检索对象，以及检索对象名称在数据库中出现频率很低者（如很少被研究的事物、还未被广泛注意的新事物等），检索效果相当好。

（4）题名（包括子题名）的关键词检索。如果全文库对题名和子题名设有专门字段，用关键词在该字段检索时，可获得相当于从关键词题录中检索的结果。这种检索方式的性质更接近于主题检索。

（5）著者检索。如果全文库对著者设有专门字段，用关键词在该字段检索时，可获得相当于从著者题录中检索的结果。

（6）对于古代诗词等的全文数据库，全文检索法是非常适用的检索方法。

2.2 全文检索不适应的检索范围

（1）学科或专业的分类检索要求，是全文检索最不能适应的检索要求。

（2）一族事物的族性检索要求，如果不能用词根检索而必须用许多关键词进行“逻辑和”组配检索；或较大范围的专题检索，必须用许多关键词进行“逻辑和”组配检索，构造检索式都相当困难。

（3）越是被论述得多的事物，越难在全文检索中得到满意的结果。因为，这类事物的名称在全文库中出现的频率太高了，结果：①检得之中不少是虽被涉及但无关宏旨或已是常识，检索出来没有意义；②被论述得越多，内容必定越广越细，若只需要其中某一方面的论述，虽然理论上可以用组配法缩小检索范围，但由于事物的“方面词”多而分散，很难构成完整的检索式，有时则无法用恰当的词构造组配检索式；③无法直接查到对某一事物的总论性论述。

（4）有较多同义词、准同义词的检索对象，以及检索对象用词不定型，或遇一词多义、词义含糊、不普遍适用的缩略词、词的嵌套、前后字的误组等情况，都会或多或少影响其检索效率。

(5)无法在全文库中“只”找出信息密度大的文献。

(6)全文检索不是正规的主题检索。

全文检索与文献数据库规模有关:数据库越小，全文检索的缺陷显得越小;数据库越大，全文检索的缺陷显得越大。像搜索引擎那样规模的全文库，检准率十分差，检全率也是一个大问题。

全文数据库像一个“黑箱”，毫无“透明度”，既可以说使用它“极方便”，也可以说使用它“极不方便”。

3 索引原理和功能分析

3.1 索引的原理

索引是对某一文献集合(如期刊)中所包含的各篇文章，或某种文献(如专著)中所讨论的各个局部主题和所述及的具有信息价值的各个事项(如人物、机构、地区、事件、生物、矿物、产品、设备、工艺、方法、公式、数据、著作等)以简明的方式分别著录标引，即确定其检索标识和指出其所在位置，并将款目按一定的可检顺序排列和组织，以方便检索的检索工具。

“索引”一词可以是指:

(1)某种或某些期刊、文集中所包含的文章的简明目录，如各种检索刊物、专题论文索引等。检索情报源的索引主要就是这类索引。

(2)某种图书的一个组成部分(不管它是否作为一种独立的著作出现)，以简明的方式著录书中的论述内容或事项为条目，标明出处，并按一定次序编排，以方便检索该书内容的附属性资料，如各种专书索引;或若干种图书内容的混合索引，如各种群书索引。直接检索事实情报的索引主要就是这类索引。全文检索的性能，与这类索引的性能相当近似。

(3)某种检索工具或某个检索系统的一个组成部分，以简明的方式提供与该检索工具的正文部分或检索系统的主文档部分不同的检索途径，如美国《化学文摘》的各种索引提供了与该文摘正文部分不同的许多种检索途径。

(4)文献数据库的某些类型或组成部分。文献数据库一般都融合了目录、索引、文摘乃至全文，是多功能的，索引功能是其核心。

3.2 索引的功能

索引从功用上看，有检索情报源的索引和直接检索事实情报的索引两大类型：

(1)检索情报源的索引的功能：

a. 可使检索者从大量文献中迅速找到所需文献的线索；

b. 报道文献的功能；

c. 特殊功能，如用于文献计量、情报研究、学术史研究、引文追踪等。

单纯的全文检索系统没有这类索引的功能。

(2)直接检索事实情报的索引的功能：

a. 可大大加快查检文献中某一特定内容所在位置的速度，并减少查检中的遗漏，从而成百倍地节约时间(全文检索与这类索引的查检速度不能一概而论)。

b. 浏览这类索引时，不但可知道文献中论述了哪些大大小小的问题，而且常常可发现检索者所未想到的有用资料，具有“知识挖掘”的作用(全文检索则是一个捉摸不透的“黑箱”)。

c. 某些书虽非工具书，配备了这类索引，在一定程度上也可起到工具书的作用，其使用价值就可大大提高(全文检索也有此功能)。

d. 这类索引具有将文献中散于多处涉及同一事物的信息集中(甚至系统地)显示在一起，方便研究的功能(全文检索也有此功能，但系统性差)。

e. 群书索引更能将见于多种著作的涉及同一事物的信息集中显示在一起，方便系统、全面的专题研究或考证(全文检索也有此功能，但系统性差)。

f. 古籍索引是古籍整理的有效工具(全文检索不能满足这种需要)。

(3)索引可提供字顺、分类、按时间顺序、按地区顺序、按分子式顺序、按固有编号顺序、轮排……多种途径进行检索，全文检索只能提供关键词的遍历顺序进行检索。

4 几点认识

(1)单纯的全文检索固然有成本低、处理速度快、一学就会、即检即阅、对某些检索对象的检索效果好等优点，但总体说来，它的检索功能单调，适应范围有限，不能满足多样性的检索要求，关键词检索的检准率和检全率不高等缺点，它是不可能取代各种索引的功能的。

(2)最理想的检索系统模式是“文本型全文数据库 + 需要的索引(包括全文检

索功能)”或“图像型全文数据库＋各种需要的索引(包括深度较大的文献内容索引或全文标引)”。读者如果只有全文检索唯一途径来使用文献,必将付出许多不值得花的代价。

(3)现行的网络资源搜索引擎检索模式,实在是目前技术水平下的无奈。这种全文检索的检准率往往低到无法容忍的地步(有时检准率还不到1%),检全率也很成问题。虽供免费使用,但从检索者所花费的大量宝贵时间看,不过是把成本转嫁给上网者而已。目录式网络检索工具指向的是网站,检索效率也很差。网络检索服务缺乏以人为本的理念,忽视检索要求的多样性和检索效率的重要性。网络检索工具亟待创新。

(4)当前大家正在热心研制的本体语言(研究对象的全息分面词表)是直接控制文本语义的一种人工语言,它可能就是人们正在寻找的自然语言与人工语言融为一体的新颖情报检索语言的一种。它用途广泛,改善全文检索是其一个重要方面。它的应用估计能克服目前全文检索的许多缺陷,大大提高全文检索的水平,但估计不会解决全文检索的一切问题,更不会使全文检索取代一切索引技术。我们不应该把它视为解决知识和信息检索问题的唯一道路。

参考文献

[1]张琪玉.关于自然语言检索问题.图书馆论坛,2004(6)
[2]张琪玉.全文数据库、全文检索与全文标引(情报语言漫笔).图书馆理论与实践,2002(6)
[3]张琪玉.全文数据库检索的三种深度(情报语言漫笔).图书馆理论与实践,2003(4)
[4]张琪玉.全文检索系统较好的模式(情报语言漫笔).图书馆理论与实践,2002(5)
[5]张琪玉.全文检索系统的检索性能.江西图书馆学刊,2004(3)
[6]张琪玉.网络信息检索工具增强关键词检索功能的措施.图书馆杂志,2001(1)
[7]Taylor A. G.著;张素芳等译.信息组织.北京:机械工业出版社,2006

写完于2007年6月15日
原载于《中国索引》2007年第11期

词素轮排索引法在构词词典编排中的应用

构词词典是一种汉字轮排词典，可从任何一个汉字出发，查出包含该汉字的全部词组、成语、熟语，对文章修辞、语文教学、诗词写作、翻译工作等都有参考作用。

构词词典正文的编排形式如：

【平】

①平安　平白　平板　平版　平辈
　平常　平川　平淡　平等　平地
　平定　平凡　平方　平分　……

②扁平　不平　持平　公平　和平
　拉平　扫平　生平　太平　……

①②平平

③素昧平生　一马平川　夷为平地

①③平起平坐

④打抱不平　粉刷太平　歌舞升平

或：

【平】

①～安　～白　～板　～版　～辈
　～常　～川　～淡　～等　～地
　～定　～凡　～方　～分　……
　～～
　～起～坐

②扁～　不～　持～　公～　和～
　拉～　扫～　生～　太～　……

③素昧～生　一马～川　夷为～地

④打抱不～　粉刷太～　歌舞升～

用数据库技术来编排这种词典的正文可大大节省时间，减少差错，办法是为每一汉字设一字段，共设 A、B、C、D 四个字段，每一字段占 2 个字节；再设一 2 字节字段安放有重复汉字的条目的标志。每一条词组、成语、熟语为一个记录。当全部数据输入完后，按下列方法进行整理：

按 A、B、C、D 排序，形成 AA 文件（按第一个汉字排序的文件）；

按B、A、C、D排序，形成BB文件（按第二个汉字排序的文件）；

按C、A、B、D排序，形成CC文件（按第三个汉字排序的文件）；

按D、A、B、C排序，形成DD文件（按第四个汉字排序的文件）。

将四个文件中含有同一特定汉字（如上例中的“平”字）的条目依次归并（需编一个小程序，否则要用人工归并），再对具有重复汉字标志的条目作适当处理。

这种方法，除用于编制构词词典外，也可用于编制古籍的逐字索引。

写完于2004年4月20日

原载于《中国索引》2004年第3期

题录数据库仍是基本的检索工具

从题录数据库的功能看

题录数据库是指仅由书目著录而无摘要或全文的文献条目构成的检索工具。与文摘数据库和全文数据库相比，是最简单的文献数据库。但是，它却涵盖了文献检索工具的绝大部分功能：

（1）题录的大多数字段都可进行排序和提供检索（包括对文献题名进行模糊匹配检索），因此，它的检索功能很多，对于科研、生产、教学和管理中提出的各种检索要求，一般都能较好地满足（检全率和检准率都有相当保证）。题录数据库与文摘数据库相比，少了摘要。摘要的主要功能是便于甄别文献是否符合检索要求。如果题录数据库有足够的标引深度，则依据检索标识与依据摘要甄别文献是否符合检索要求的能力，相差是不会很大的。

（2）题录数据库与文摘数据库相比，可以有较高的文献收贮率和较短的时差，它是对文献流进行控制的主要手段。

（3）题录数据库除用于一般检索外，适应文献普查、核实、考证、文化学术史研究、统计、查明优先地位、发明创造查新、发现研究空白等目的的查检。

从题录数据库的建库难易和成本效益等方面看

文摘数据库实际上是“题录 + 摘要”，全文数据库实际上是“题录 + 文献文本”，可见，题录数据库的建库工作量最小，因而建库成本低，建库速度快，建库容易。由于题录数据库涵盖了检索工具的绝大部分检索功能，在开发文献资源方面具有优势。特别是，在题录数据库的基础上还可以向全文数据库升级（也可向文摘数据库升级，但意义不大）。所以，在建库条件不是很优越的情况下，题录数据库必然成为建库方案的首选。

在当前全文数据库的建库成为热潮的情况下，对于题录数据库，仍不可轻视。因为还有许多文献资源，不采用题录数据库形式是很难及时地开发出来的。

写完于2003年7月21日

原载于《图书馆理论与实践》2003年第6期

专题索引编制法

1 定义

专题索引是指以某一专题(较宽的主题)为收录文献范围的索引。专科索引和专业索引(以某一学科、某一专业为收录文献范围的索引)也常被混称为专题索引。

专题索引属于提供情报源的索引。

编制专题索引是图书馆和情报机构的一种重要服务形式。

2 选题

专题索引的选题范围极广,既可以针对任何研究课题、工作和学习的需要,提供参考文献;也可结合某项宣传普及内容,推荐阅读材料。

专题索引的选题来源,可以是针对服务对象的需要主动选择(这类选题,往往要求较强的针对性和时效性);也可以接受用户的委托代为编制;或根据收藏中某些有特色的部分进行编制。某些咨询服务,也是以专题索引的方式提供解答的。

专题索引一般只收录本单位的收藏或以收录本单位的收藏为主,故选题要根据本单位的收藏基础,此外还要根据人力和其他条件。

3 收录范围

专题索引中文献的收录范围,主要是依据专题内涵和实际需要而定,包括专题核心文献与相关文献。一般以期刊论文为主,图书为次,也可视需要收录其他类型的文献。如内部资料、非书资料等。可确定收录文献的时间、文种乃至地域等范围;规定只限于本单位收藏、某些单位的收藏或不限于收录文献范围。

收录文献要注意系统性、全面性和选择性。虽然专题索引一般以本单位的收藏为基础,但发现本单位的收藏有明显不足时,应尽量设法从其他途径予以增补,以扩大收录文献的覆盖面,提高其参考价值。

4 收录标准

每种专题索引,在收录文献时,一般都依据索引的性质或用户的需要,定出一个收录标准。

收录标准大致可分为研究资料、一般参考资料、推荐性资料、全部资料几种类型。

5 著录项目与格式

专题索引中期刊论文的著录,依据《检索刊物条目著录规则》(GB3793—83),一般使用下列经简化的著者格式:

题名/著者

//刊名. —年,卷(期),—所在页码

图书的著录,依据《文献著录总则》(GB3792.1-83),一般使用其简要级次,格式如下:

题名/著者及著作方式. —出版地:出版者,

出版年,页数.

---

6 提要、文摘或注释

专题索引收录的文献一般不作提要、文摘或注释。但如遇需要,也可以对部分文献作提要、文摘或注释,而且可以视各种文献的具体情况,选择文摘、提要或注释形式,不一定要求在一个索引中统一使用提要,或文摘,或注释。

7 款目排序与标引

文献款目的排序可视专题索引的性质采用分类法、主题字顺、著者顺序、时间顺序,或按地区排列。

图书与论文可混排,也可分两个系列排。

收录文献较多的专题索引,除正文采用某种排列顺序(一般为分类顺序)外,还可采用其他需要的排列顺序作为索引,甚至可以采用多种索引。

7.1 分类体系

专题索引的正文按分类排列的比较常见。分类体系根据收录内容自拟,比较简略,一般仅一、二级,个别可分到三级。可按具体情况设置类目。

7.2 主题标引

专题索引采用主题法进行正文排序或作索引者虽不多,但其效果都比较好。

要求质量高并收录文献较多的专题索引,最好在采用分类法排列索引正文之外,再采用主题法标引。

专题索引除个别检索期刊外,一般不采用叙词法,而采用不依据词表的自由标引法。可根据具体需要选用关键词自由标引或标题词自由标引。

7.3 深度标引

个别特别重要的专题索引可采用深度标引法,附加类似"群书索引"的内容索引。

8 专题索引的题名

专题索引的题名要能正确揭示该索引收录文献的范围,若能揭示其检索功能则更好。

9 使用说明

专题索引应有使用说明,其内容包括:(1)编制目的,服务对象;(2)收录文献范围和收录标准;(3)检索功能。

10 专题数据库

专题数据库实际上就是专题索引的数字化,其编制方法与专题索引基本相同,只是将文献著录项目变为字段,并增加一个检索程序而已。

专题数据库的一种特殊编制方法,就是可以从大型数据库中套录数据,然后加以审查和增补。

写完于2004年6月16日

原载于《中国索引》2005年第2期

学术性索引的一个范例
——《泰山研究资料索引》

泰山是中国名山,是世界自然与文化双遗产之一。对于泰山及泰山周边地区人文与自然方方面面的研究,形成"泰山文化"研究,当前则集合为"泰山学"。

泰山研究源远流长,研究范围很广,研究者众多,文献资料浩如烟海,是学术研究不可忽略的内容。选择此研究对象作为索引主题,对泰山文献资料进行总结性整理,编成索引,无疑具有很大的学术意义。

朱俭编纂的《泰山研究资料索引》是《泰山学书系》20 种中的第一种,2004 年 10 月由北京图书馆出版社出版,825 页,共 64 万字。它是泰山互联网的一个组成部分。该索引从 1995 年开始编制,历时 10 年才告完成。

这部专题索引是研究泰山学的重要指南,堪称学术性索引的一个范例。本文在下面作一简单介绍:

1 索引收录文献广泛、丰富、精当

该索引收录各类泰山研究资料达 8862 篇/部,可谓十分丰富。

编者在收录文献方面煞费苦心,是这部索引能够保持很高质量的关键。

该索引以"大泰山"的概念(即泰山主峰及其周边地区)为收录范围,力求反映该主题的全貌,力求囊括各种类型的相关文献资料。

该索引收录的文献资料计有图书(专著)972 种,报刊论文、资料 4938 篇,文集中的论文和散见于一些论著中与泰山研究有关的章节 2353 篇,会议论文 341 篇,学位论文 101 篇,专利文献 35 篇,科技报告 122 篇。收集资料时,曾充分利用了网络资源(不含网络信息),该索引第 821 页的"泰山文献检索词表",就是在收集网络资源时积累起来作同义词控制用的。其收录之广泛,可想而知。

该索引收录的文献资料内容涉及哲学、美学、宗教、经济、文献学、教育、体育、语言文字、文学、艺术、历史、封禅祭祀、文物考古、民俗、地理、测绘学、地球物理学、地质学、天文学、气象学、土壤学、微生物学、植物学、动物学、昆虫学、医药卫生、园艺、林业、计算机技术、环境科学、科技史等 30 多个学科门类,力求全面收录。

但泰山资料数量十分庞大，索引在选材上，就“实”避“虚”，注重研究性，兼顾资料性；以年代久远的资料从宽，晚近之作从严从精的原则收录；文学作品一般不收，主要收录评论研究资料。力求收录精当。

所收录的文献资料，加了必要的注释，力求清楚交代。

2 索引结构设计有特点

该索引正文分为“论文资料索引”和“图书目录索引”两个系列按分类排序。国外论文、会议论文、学位论文作为“论文资料索引”的最后 3 个类目，国外图书（专著）作为“图书目录索引”的最后一个类目，专利成果和科技成果作为“附录”的两项，都集中编排。

分类体系是根据《中图法》体系按实际需要改造而成的。设置了许多特色的一、二、三级类目，以突出泰山研究的重要内容。这项改造，可以说非常得体，非常自然，非常成功。这个分类体系，从一级类目名称上看，已不像是渊源于《中图法》，而像是一种按实际情况编制的分类法，但在序列上却与《中图法》完全保持一致，可谓巧妙。将国外论文、会议论文、学位论文、国外图书、专利和科技报告集中编排，对于这部具体索引，也是相当得体的。

文献资料的分类，采取了所谓“明分”与“暗分”相结合的方法。“明分”即其类目体系，一清二楚；“暗分”是指将相互关联的资料尽可能排在一起，采用上、下空行的办法，使读者一看就明白这一组资料之间的关联性。

对于涉及两类的资料，采用在相关类目下加注的方法来代替互见分类。以上可见其分类处理的精细。

该索引还有著者索引、引言、编辑说明、后记等组成部分。

引言很长，对该索引收录的文献作了收录范围和编纂义例的说明，资料的时空分布、学科分布、类型分布、语种分布等文献学分析，泰山研究的历程和现状（当前研究前沿和热点）的归纳和评论，并指出泰山研究资料的检索方法。读此引言，对泰山研究资料的掌握和利用可大有帮助。

3 索引的可改进之处

这部索引，可以说是编纂得相当完满的。下列两点，仅供参考：

（1）是否可再增加一种主题索引。虽然该索引的分类体系设计得相当好，已能较方便地揭示所收录的文献资料，但因索引收录的资料较多，对于许多具体内容，利用分类途径查找，还是要费些时间，特别是，这部索引的价值，仅提供分类检索途径还不可能很充分地揭示出来。在主题索引中，事项主题与类目主题结合，可以用少于著者索引的篇幅，把内容揭示得很充分，使这部索引的价值得到更好的发挥。

(2)将论文资料与图书(专著)分两个系列分类排列，虽属索引编制的惯例，但似乎不如合并排列，将图书(专著)排在每类的最后，用一个空行或横线或别的什么标志隔开，检索起来更方便些。而且把图书款目和图书的分析款目放在同一个类目下(现在是分在两个系列中)，也比较协调。

4 索引对地方文献工作的借鉴意义

如果细想起来，《泰山研究资料索引》其实就是一部地方文献目录。该索引在文献资料收集和处理方面，有不少经验可供地方文献工作借鉴。一个地方的地方文献目录如果能编得如此细致完善，就可以说相当不差了。

编者说，他是以“按照学术研究的标准来要求，以体现其学术价值”的态度，来精心编纂这部索引的。《泰山研究资料索引》的确编得很成功，编出了学术水平。把它比作一篇博士论文，我想也不会逊色吧。

不要怕人们说编索引没什么学术水平，就怕索引编纂者把自己的工作不当作学术研究工作来做。这是我的一点感想。

参考文献

张琪玉. 索引工作的性质与索引工作者劳动的性质. 中国索引，2004(3)(署名:《中国索引》编辑部)

写完于2007年7月30日
原载于《中国索引》2008年第2期

索引与图书

索引是图书的附属部分。对于某些图书来说，索引几乎是它不可缺少的部分；对于另一些图书来说，可以没有索引，但索引可提升它的使用价值。

图书配备索引看似增加了篇幅，增加了成本，但也可充分发掘它的使用价值，完全值得。

大多数索引不是由图书的著者编制的。一书是否配备索引，其决策取舍者主要是出版社的责任编辑，取决于他们对索引重要性的认识。

图书的索引一般由专业索引工作者编制，而并非由书的著者或责任编辑编制，但若由书的著者自己编制（如果他掌握索引原理的话），则质量可能会更好。

图书索引在绝大多数情况下可帮助读者迅速找到他所需要而书中确实存在的有关论述，不管该论述隐藏在书中何处，不管该书有多大篇幅。所以，图书的篇幅越大，就越有必要配备索引。

图书索引一般篇幅不大，进行浏览，可迅速发现书中某些特别感兴趣的内容，这是索引的另一功能。

索引对大学生的学习帮助很大，所以大学教材最好要有索引。

百科知识类儿童和青少年读物的索引，有助于培养他们读书用书的技巧。

任何人都要会利用索引。利用索引，是读书的基本技巧之一。

有些书缺少必要的索引，其使用价值会大打折扣。使读者查阅使用起来感到厌烦。有些书没有索引简直无法使用。

二十四史如果没有索引，只能读；有了索引，就具有了重要工具书的作用。

《中国大百科全书》索引和《古今图书集成》索引的光盘版堪称开启这两大知识宝库的钥匙。

大多数工具书的正文按索引原理编排，并附有其他索引。没有索引功能的工具书是起不了“工具”作用的。

个人文集内容一般较泛，也很需要编制索引。

一个编得不好的或不科学的索引，会使索引的功能大打折扣。

写完于2005年2月12日

原载于《中国索引》2005年第2期

专著索引

1 专著索引的定义

专著索引是专书索引的一种，指以一部专著（系统著作）为对象的内容索引。专著索引通常附于书后，因此习称书后索引，但也有单独刊印出版的。若将多种专著的内容索引汇集刊印出版，一般称为索引汇编。也可将多种专著的内容编制成一种混合索引刊印出版，则称为群书索引。

印刷版的专著很少作成索引数据库的。电子版的专著多半附有索引。

文集的索引是专书索引的另一种，它既可采用专著内容索引的索引模式，也可采用论文题录索引的索引模式，或两种模式都采用。

2 专著索引的功用

专著索引有下列功用：

(1)方便读者查检，可大大节约查找专著中他所需要的特定内容的时间；

(2)读者浏览索引时，可发现某些他所未想到而感兴趣的内容；

(3)某些专著虽非工具书，配备了内容索引，在一定程度上也可起到工具书的作用，其使用价值就可大大提高。

3 专著索引的索引项

索引项是文献中被索引对象的类称。某一文献所讨论的各个局部主题和科学概念，或文献中所涉及的地区、人物、机构、事件、生物、矿物、产品、方法、工艺、公式、数据、著作、引用典故等各种事项，或重要学术著作和文学作品的字词，或某一文献集合中所包含的各种文献的内容和外部特征，甚至文献间的某种关系或文献的某种功用，只要具有检索意义的，都可作为索引项。一种文献的内容，或一个文献集合中个别文献的特征，是借助于各种索引项的书面形式而被详细揭示出来，提供各种检索途径，以供读者方便地查检和利用的。每一种索引项提供一种检索途径，回答某种检索提问。

专著索引，可随专著的学科范围、主题领域、著作类型以及价值等的不同，选择某些索引项。索引项的选定，对专著索引的检索功能起着决定的作用。

4 专著索引的类型

专著索引可分为综合索引(通常称为内容索引或主题索引(广义的))和专门索引(专名索引)。专门索引指人名索引、地名索引、机构索引、主题索引(狭义的)等单一种索引项的索引。综合索引就是将各种专门索引的索引款目混合编排而成的索引。一部专著若选择编制几种专门索引,则可称为一个专书索引体系。

篇幅不大的专著,一般有一个综合索引即可满足需要。若某一种索引项的索引款目特别多,则可为其单独编制一种专门索引(即综合索引+专门索引)。若一部专著篇幅庞大,则可全部分别编制各种专门索引,其中必定包括一种主题索引(狭义的)。

对于专著中数量较多的插图和附表,若为其编制索引款目,一般都是单独组成专门索引的。

5 专著索引的编制方式

专著索引的编制,一般采用人工自由标引的方式。采用自动抽词标引的方式以外文专著较多,但质量差。人机结合标引方式可分为先自动抽词再经人工修正和先由人工标注抽词符号再由计算机进行抽词处理两种。几乎没有使用人工语言(索引语言、情报检索语言)来编制专著索引的。采用自由标引方式编制的索引,其质量高于人机结合标引方式编制的索引,当然更高于自动抽词标引方式编制的索引。

本文只叙述采用人工自由标引方式编制索引的方法。

所谓人工自由标引方式,是指由标引人员在对专著内容进行阅读分析后,不依据事先编制或选定的规范词表,而按一定规则自行决定给出索引词(索引款目用词)。可用于人工自由标引方式的索引词有关键词和加说明语的关键词(类似加说明语的多级标题)两种形式。自由标引词虽是依据一定规则给出的,但还是一致性较差,故在最后须对标引结果进行适当整理。

6 专著索引的标引深度

标引深度是指对文献内容进行周详标引的程度。专著索引的标引深度以“索引篇幅/正文篇幅”计算,从百分之三、四到百分之十几不等,一般为8%左右,即100页正文编制8页左右的索引。个别专著的索引篇幅可大于20%。预先选定大致的标引深度是为了对索引篇幅作宏观控制,实际上是对索引质量作宏观控制。

标引深度取决于两个因素，一是索引项（也就是索引功能）的多少，二是对检全率和检准率的要求。如果要求高检全率，则加大标引深度（在一定极限内加大标引深度，也有提高检准率的作用），如果要求高检准率，则应适当地缩小标引深度。上述8%大致可使检全率和检准率都比较适中。

7 专著索引的概念提取

提取索引概念（即一个个具体索引项，也可称主题概念）是专著索引编制工作的主要内容。提取索引概念是否恰当，是决定其质量的最重要环节。

索引概念是指表达专著某一局部内容的概念，它可大至专著的一个章节，也可小至一个名词术语（在某一具体叙述文字中的）。专著中某一局部内容是否可作为索引概念提取，取决于其是否具有检索意义，即是否具有有价值的信息。

被提取的索引概念应是确实提供了一定的有用信息的，因此，专著中的某些不可能成为读者查检对象的和无信息价值的内容和名词术语，不能作为索引概念提取，以避免空虚款目充塞索引，造成累赘，影响检准率。

8 专著索引的标目规范

索引款目的标目是索引排序的依据，是查找专著中特定内容的入口。标目措辞对索引检索功能的影响在于：(1)措辞能否准确表达索引概念，会影响索引的检全率和检准率；(2)标目的字面形式决定索引款目的排列位置，该位置是否符合读者查检的思路，是否影响索引款目的字面成族效果，也会影响索引的检全率和检准率。

专著索引的标目措辞应有一定规范。其主要要求是：(1)标引用词应与被提取的索引概念专指度基本一致，当单个标引用词专指度不足时，可用加说明语的方法提高其专指度；(2)主标目用词应与专著原来用词的书面形式尽可能（但不是绝对）保持一致；(3)对标引结果应作适当规范化处理，合并同义词、近义词及消除影响字面成族的不规范现象；(4)增补标引不用词的参照款目，用以指引到所采用的标引用词形式；(5)对于标目规范的要求，可拟定若干条规则以便遵循。

9 专著索引的出处项

出处项用专著的页码表示。若在一些相继的页码中连贯地涉及被索引概念，则可用起止页码来表示出处（如“5－8”）；若在一些相继的页码中不是连贯地涉及索引概念，则应列举各个页码并用逗点隔开来表示出处（如“10，11，12－13”）。如果专著是分栏排版的，则最好加分栏符号表示具体出处（如“15b”表示15页右栏）。如果一部专著是多卷的，则应在出处页码前冠以卷号（如“③24－25”）。

10 专著索引的排序和合并

现在汉文文献索引均按汉语拼音排序，由计算机进行自动排列。但因汉字编码方案将常用字和间用字分两段编码，可能会使极少数的索引款目排在最后而脱离正确的音序位置，排序后须用人工调整。

整个索引进行排序后，会显现出标目的许多重复，应作合并整理。例如：

搜索引擎——对网页的标引处理　　26
搜索引擎——基本结构　　12
搜索引擎——检索模块构成　　15
搜索引擎——类型　　3
搜索引擎——数据采集机制　　35－36
搜索引擎——数据采集机制　　38
搜索引擎——数据采集机制　　59

应合并整理成：

搜索引擎
　—对网页的标引处理　　26
　—基本结构　　12
　—检索模块构成　　15
　—类型　　3
　—数据采集机制　　35－36,38,59

11 专著索引的质量控制

专著索引的标引人员应是对专著的学科或主题领域有一定了解的。

专著索引编成后，标引人员应将每一条索引款目对照专著原文进行一次审核，删除不必要的款目，修改不确切的标目措辞。

若能再请专著作者本人审阅编成的索引稿件，指出标引不妥的款目，则更好。

索引的校样应由标引人员亲自校对一遍。

写完于2002年10月29日

原载于《江西图书馆学刊》2003年第2期

带附加信息的图书内容索引

这种索引类型在索引学著作和索引标准中都未见有论述，好像也没有通行的名称，我在这里暂称其为“带附加信息的图书内容索引”，可能不够确切。

其实，这类索引的实例不算太少，我最近见到的就有下列 3 种：

第一种是两种文字对照。例如，陈光祚等译的《情报检索系统——特性、试验与评价》一书，就附有英汉主题索引和汉英主题索引（第二种文字就是附加信息）。下面是两种索引的片断：

主题索引（汉/英）

巴坦系统 Batten system 24

巴特尔自动化情报检索系统 BASIS 83

半衰期 Half life 244

边缘开口卡片 Edge-notched card 28 – 30

标引 Indexing 8，210 – 216，227 – 228，354

　费用/效果方面 costeff-ectiveness

　aspects 246 – 251

　人员 personnel 250 – 251

　时间耗费 time expenditures 248 – 249

　格式 forms 46 – 49

查全率 Recall 121 – 128，138 – 152

查准率 Precision 121 – 128，138 – 152

主题索引（英/汉）

BASIS 巴特尔自动化情报检索系统 83

Batten system 巴坦系统 24

Edge-notched card 边缘开口卡片 28 – 30

Half life 半衰期 244

Indexing 标引 8，210 – 216，227 – 228，354

　costeff-ectiveness aspects 费用/

　效果方面 246 – 251

　forms 格式 46 – 49

　personnel 人员 250 – 251

time expenditures 时间耗费 248 - 249

Precision 查准率 121 - 128,138 - 152

Recall 查全率 121 - 128,138 - 152

这种索引主要出现于翻译著作,有助于确切了解译文标目含义和从原文名词查阅译本,也有助于将原本与译本的个别内容进行对照。

第二种是附摘要。例如,吴国盛著《科学的历程》(第二版)附有一个带人物简传的精细人名索引,下面是其片断:

【A】

阿拔斯(Abbas al-Majusi),约600—661,阿拉伯帝国阿拔斯王朝的创建者。118

阿贝尔(Abel,Niels Henrik),1802—1829,挪威数学家。276

阿波罗尼(Apollonius of Perta),约公元前262—前190,希腊世界三大数学家之一,以圆锥曲线的研究而闻名。56,87,89,114,195,206

阿尔·巴塔尼(Al-Battani),约858—929,阿拉伯天文学家。123

阿尔伯,沃纳(Arber, Wemer),1929—,瑞士生物学家,发现核酸的内切酶具有限制作用。550

阿尔伯提(Alberti,Leone Battista),1404—1472,意大利数学家、物理学家、哲学家。171,172

阿尔·哈曾(Al-hazen),965—1039,阿拉伯物理学家。124,167

阿尔基塔(Archytas of Tarentum),活跃于前400—前350,毕达哥拉斯学派的重要成员。86

阿尔昆(Alcuin),732—804,英国学者,在查理曼帝国任教。163

阿尔拉兹(Al-RAzi),约865—923/932,巴格达的医生,阿拉伯著名的炼金术士,著有《秘密的秘密》。121

显然,这种带简传的索引对阅读和查考这部科学史专著,比之利用普通人名索引要方便得多。

第三种是著者索引附著作信息。例如,孙公望编《唐宋名家词检索大全》的作者索引,其著录项目有著者姓名、朝代、词牌名、词的第一句或头几个字、词的编号五项,信息很多。下面是一个片断:

【三画】

万俟咏 (宋)

忆秦娥 [千里草 (076)

长相思 [一声声 (008)

诉衷情 [一鞭清晓喜还家 (018)

昭君怨 [春到南楼雪尽 (538)

【四画】

方　岳　　　　（宋）

　水调歌头　　　［秋雨一何碧　　（586）

　满江红　　　　［且问黄花　　（232）

文及翁　　　　（宋）

　贺新郎　　　　［一勺西湖水　　（001）

这个著者索引的设计非常巧妙,检索非常方便。

这类带附加信息的索引可能形式还很多。可见,在普通索引中根据具体需要附加一些相关信息,是一种很好的方法。这个原理的应用和发挥,不就等于一种创新吗?

写完于2006年3月29日

原载于《中国索引》2006年第2期

关于图书内容累积索引数据库的设想

1 在机编条件下编制图书内容累积索引数据库的可行性

新出版图书的内容索引，目前一般都用计算机来编制。这样，其索引数据作为计算机编制过程的副产品，就可以纳入数据库不断积累起来，成为图书内容累积索引数据库。这部分数据，基本上不必花成本。

对已出版而尚无索引的图书补编索引，则可直接纳入这种数据库。

已出版图书的现有索引，纳入这种数据库也是可以的。

2 图书内容累积索引数据库的功用

数据库的特点是可合并性(可累积)和可派生性(可生产各种数据产品)。

图书内容累积索引数据库当然可以作为某一具体图书的索引来使用或派生出该书的专门索引，同时也可以作为群书索引来使用或派生出某种专门的群书索引的索引稿。

图书内容累积索引数据库比之传统群书索引的优点在于，图书内容累积索引是可以随时累积(增加内容)而不断更新的，传统群书索引则因为不能累积，不免会过时而降低使用价值。

图书内容累积索引数据库积累到相当丰富时。利用它可以综合各家的论述，比较各家的观点，更可以作为大型工具书来使用。

数据库可以上网，供众多读者共享。

3 图书内容累积索引数据库的编制方法

纳入数据库的，最好是计算机编制图书内容索引过程的中间产品(半成稿)。这是指已作好并校对好但未经合并整理的索引款目草稿(请参看张琪玉编著《图书内容索引编制法——写作和编辑参考手册》(化学工业出版社)一书第153—155页)，要求每一出处连同各级标目独占一行。之所以要这样，是为了使数据便于混合和累积。如果纳入的是完全整理好的索引稿，混合和累积反而有困难了。所以，对于款目已经合并整理的索引，在纳入之前应予还原。

纳入数据库的索引款目应按照正在制订的索引标准《索引编制规则：总则》采用标题法编制。对字段应有统一的规定。

数据库要有能随时作规范性修改的灵活性，这是没有问题的。

编制数据库的技术并不复杂。最关键最困难的是索引数据的收集，这要有极大的耐心，否则很难收集到。

建立数据库的机构，可以是图书馆、出版社、公司或索引学会（的网站）。

4 索引出处的转换

图书内容累积索引数据库中的出处由图书代号和页码组成。图书代号可使用标准书号。另设一子库储存标准书号与图书书名及必要著录事项的对应表，当索引数据从数据库输出时可进行转换。

对应表可专设一图书索取号字段，供使用单位填写本单位藏书索取号之用。

5 更进一步的设想

其实，如果数据库属于某个收藏单位，也不妨收录期刊论文和论文集的内容索引，这样就真正成为一体化的“大百科索引”了。

参考文献

[1]张琪玉. 数据库的可派生性和可合并性. 图书馆理论与实践,2003(6)

[2]张琪玉. 集成工具书：工具书条目索引数据库. 图书馆理论与实践,2003(3)

写完于2007年7月26日

原载于《中国索引》2007年第4期

索引与期刊

期刊可以说是最重要的文献类型。各种原创性的知识(一次文献),绝大部分发表在期刊上。所以,发掘期刊资源,一直是索引工作的重点。早期的文献情报工作,主要就是编制期刊论文索引(更正确地说是编制文摘,文摘是索引+摘要)。

过期的期刊脱离了索引,几乎就无法利用。因为,期刊不同于图书,内容庞杂,关于某一问题的文章,分散在许多种期刊许多年的不同期号中,即使将每种期刊按出版顺序集中在一起,把某一专业(如图书馆学专业)的期刊都在书架上排到一起,查找某一问题的文章仍是困难的。

所以,期刊与期刊论文索引,两者是不可分割的。期刊资源离开了索引,将无法利用;期刊论文索引离开了期刊资源,也将无利用价值。

期刊论文索引包括下列类型:

某一期刊的期索引,这只限于检索刊物才有期索引。

某一期刊的年索引或卷索引,一般期刊都将一年或一卷的各期文章编一索引,这是惯例。

某一期刊的多年或多卷(五年、十年或某一时间)累积索引,这是嫌年索引或卷索引使用还不够方便而编制的,以检索刊物的累积索引为多见。

综合性期刊论文索引,收录各种学科专业大量期刊的论文,一般以检索刊物的形式定期出版。这种索引属于情报刊物,订阅者一方面可借以掌握本单位未订阅的期刊的内容,另一方面可借以检索本单位收藏的期刊的文章。此种索引很少有个人订阅的。这种检索刊物往往包含多种索引,是一个索引体系。

专业期刊论文索引,收录某一或大或小专业范围的一批期刊的论文,一般也是以检索刊物的形式定期出版。其性质与综合性期刊论文索引基本相同,只是收录范围限于某一专业。专业期刊论文索引往往还收录其他类型的文献,但以期刊论文为主,它们是检索刊物的主流。这种类型的索引,个人订阅的也不少。

专题论文索引,是以某一专题为范围,主要收录期刊论文,有时也收录其他文献。这类索引以单卷本形式出版,对相关研究者因信息最密集而受到欢迎,但大多没有续集而需要以检索刊物作补充。

图书情报单位(主要是资料室)常常编制卡片形式的专业和专题期刊论文索引。

以上各种期刊论文索引除某一期刊的年或卷索引外,都可做成数据库,目前已多半演变为数据库形式。它们在索引事业中,是举足轻重而最受关注的部分。

写完于2004年11月26日
原载于《中国索引》2005年第3期

期刊年度索引亟须改进

期刊出版满一年或一卷，在最后一期附一个年索引或卷索引，这在国外已成惯例，较为正规的刊物都有这种索引。我国期刊提供这种索引的也日渐增多。我曾随意地抽出23种图书馆学情报学期刊一年的最后一期，发现附有年度索引的共16种，约占70%。有3种核心期刊，也缺少这种索引。

在已提供这种索引的16种期刊中，普遍存在着两个质量问题：

(1)索引品种单一。除一种有英文目次按期累积外，全都没有著者索引或别的索引。

(2)索引编制方法不科学。按栏目合并成索引的有11种，按每期目次累积成索引(即分期按页码列出篇名，名为"总目录")的1种，有3种与简单的分类索引比较相近，但也夹杂少数类目(如"观察与思考"、"求索"、"专稿"、"探索与争鸣"、"专家视角"等)并不反映论文内容，只有1种索引所设7个类目(类组)能粗略反映146篇论文的内容。

上述情况说明，按栏目合并成索引的方法，是我国图书馆学情报学期刊编制年度索引的主要方法。这种方法由来已久，建国后的第一种图书馆学刊物《图书馆工作》，就是用这种方法编制年度索引的，近50年来可以说没有创新。

期刊年度索引毕竟是索引的一种类型，它应当符合索引能按一定体系或序列查检文献的要求；虽然这类索引收录论文数量不多，但仍应注意检索的方便性。

用按栏目合并成索引的方法之所以不科学，是因为许多栏目不能说明论文的学科性质，更不能确切地揭示其主题内容，同内容的论文常被分散在不同的栏目下，索引款目也没有系统的序列。使用这样的"索引"来查检文献是很不方便的。

编制期刊年度索引较好的方法，是采用自由标引法编制主题索引。篇幅允许，可再加一个著者索引。若干年的累积索引，必要时还可增加其他索引。

写完于2003年5月26日

原载于《图书馆理论与实践》2003年第6期

关于改进图书馆学情报学期刊年度索引的倡议

年度索引(卷索引)对期刊回溯检索起着重要作用,是期刊不可缺少的部分。我国期刊大多已有年度索引,但普遍存在着质量问题。

我国期刊年度索引几乎都是栏目累积索引和目次累积索引,编制主题索引、著者索引或其他索引者属凤毛麟角。栏目累积索引和目次累积索引只能提供过去一年该刊的稿件状况,由于它们不能确切揭示论文主题内容,故对论文检索作用不大,在查检特定内容或特定著者的论文时,几乎须从头至尾进行浏览式查寻,索引节省读者时间的作用甚微。

我国图书馆学情报学期刊年度索引的当前状况,大致也是如此。

国外期刊的年度索引,几乎每种期刊都有主题索引和著者索引。这两种索引是检索中最常用的索引。此外,还可能提供其他索引。作这样的选择,无疑具有科学性和实用性。

对国内期刊年度索引的落后状况,我们图书情报界有责任呼吁改进。而图书情报专业期刊的率先进行改进,无疑可对全国其他期刊的改进树立榜样。

为此,我们倡议:

(1)当前,距离2004年结束尚有3个多月,正逢各家期刊编制年度索引的时候,建议各刊抓住这一时机,进行改革。

(2)建议各刊都至少提供主题索引和著者索引这两种年度索引。原有的栏目累积索引是否保留,则可随意。此外是否还提供其他索引,各家可自行决定。

(3)建议用小号字排印索引,这样可大大节约篇幅,比原来所用与正文一样大小的字号排印增加不了多少篇幅(参看《中国索引》2003年年度索引样式)。

(4)建议用自由标引的标题词编制主题索引(参看《中国索引》2003年年度索引样式)。

(5)请将索引数据副本寄给《中国索引》编辑部,编辑部可尽义务把各家的数据综合起来,并免费将综合数据软盘回送给各家期刊。综合数据属各家共有。

(6)对于此项工作考虑不周之处,请各刊提出意见,共同协商。

中国索引学会
《中国索引》编辑部
2004.9.9

草拟于2004年9月9日

原载于《中国索引》2004年第3期(署名:中国索引学会、《中国索引》编辑部)

期刊索引配置方案的选择

期刊,即使是专业期刊,所载文章的内容也很庞杂,故有杂志之称。过期的期刊,如果没有索引,是不大可能再发挥作用的,因为要从中找出某一特定内容或特定著者的文章,是很困难的。所以,绝大部分期刊都应配置索引。索引可以提高期刊的使用价值和延长期刊的生命力。

目前我国大多数期刊虽然都有年度索引,但几乎千篇一律都是栏目索引(全年各期所载文章按栏目和发表次序排列的索引),编制分类索引、主题索引、著者索引及其他索引的期刊属凤毛麟角。栏目索引只能提供过去一年该刊发表稿件的情况,由于它不能确切揭示论文主题内容,故对论文检索作用不大,在查检特定内容或特定著者的论文时,都得从头至尾进行浏览式查寻,索引节省读者时间的作用就甚微了。配备这样的索引,形同虚设。改用能提供分类、主题、著者等检索途径的索引,是改进的根本方向。

期刊索引的配置,一般要考虑两个问题:(1)检索功能(提供什么检索途径和多少种检索途径);(2)篇幅限定(索引详细程度的控制)。这两者是互相制约的关系:若要求提供多种检索途径及进行详细著录和标引,以增强检索功能,则索引的篇幅将会随之增加;若要求压缩索引篇幅,则必须减少索引种类,采用占篇幅较少的索引,简化索引的著录,降低索引的标引详细度。

期刊索引一般仅指专刊索引,分为年度索引(或卷索引)和多年(多卷)累积索引。

累积索引是若干年度索引的累积,与年度索引的配置基本一致。但在编制累积索引时,允许根据具体需要对原有年度索引的配置作适当的种类增减或项目变动。累积索引一旦编成,相应的年度索引即失去使用价值。

年度索引(卷索引)的配置方案可根据对检索功能的要求和索引篇幅及编制人力、时间、技术水平等的可能,在下列方案中进行选择:

【配置一个索引】:一般为论文篇目索引。可在下列三种索引类型中选择一种:

(1)分类索引。可选择下列两种详简模式之一:

①类目+题名+出处

②类目+题名+著者+出处

(2)主题索引。可选择下列3种详简模式之一：

①标目+出处

②标目+题名+出处

③标目+题名+著者+出处

(3)题内关键词索引。可选择下列两种详简模式之一：

①带上下文的关键词+出处

②带上下文的关键词+著者+出处

在极个别情况下(期刊内容特别有价值而需要详细揭示的，也许一千种期刊中只有几种)也可采用论文内容索引形式，则其索引款目著录事项为标目+出处。在此时，论文的整体主题和论述得特别详细的局部主题的出处应加标记，这样，它也可起到篇目索引的作用。

【配置两个索引】：

(1)若两个索引均为论文篇目索引，则可选择下列配对之一：

①分类索引+著者索引

②分类索引+主题索引

③分类索引+题内关键词索引

④主题索引+著者索引

⑤题内关键词索引+著者索引

每种索引的详简模式同前述。著者索引可以有“著者+出处”和“著者+题名+出处”两种详简模式供选择。

(2)若两个索引为一个论文篇目索引+一个论文内容索引，则其中的论文篇目索引应为分类索引，而论文内容索引可以是综合的，也可以是专门的。论文专门内容索引指人名索引、物产索引、药名索引之类。

【配置三个或更多个索引】：

(1)若为三个论文篇目索引，则一般为：分类索引+题内关键词索引+著者索引；

(2)若为两个论文篇目索引+一个论文内容索引，则一般应为分类索引+著者索引+论文内容索引；

(3)若为两个论文篇目索引+一个或多个论文专门内容索引，则可选择下列模式之一：

①分类索引+著者索引+论文专门内容索引(一个或多个)

②主题索引+著者索引+论文专门内容索引(一个或多个)

(4)若为一个论文篇目索引+两个或更多个论文专门内容索引,则一般是:分类索引(或主题索引)+论文专门内容索引(两个或更多个)。

在年度索引配置中,索引篇幅是一个必须考虑的问题。除累积索引采用电子版或单卷印刷版可不受篇幅限制以外,年度索引的篇幅不允许无限扩大。

与索引篇幅密切关联的因素主要是索引配置方案的选择(已如上述)。此外,索引的版面设计对索引篇幅的影响也不可忽视。关于这个问题,请参阅张琪玉《期刊年度索引版面的压缩方法》一文,该文载于《中国索引》2005年第1期58页。

写完于2006年7月5日

原载于《中国索引》2007年第1期

期刊年度索引版面的压缩方法

把期刊年度索引从传统的栏目索引改为主题索引 + 著者索引，检索功能无疑可大大增强，但占用版面要增加 2—3 倍（因索引条目由原来每篇文章一条变为每篇文章平均三—四条），有的期刊甚至更多（例如有的期刊论文合著者平均达到5—6个）。期刊都有固定篇幅，索引所占页码不能太多（除非在最后一期另增页码或者另加单印的插页），故索引所占版面能不能压缩，就成为一个需要解决的现实问题。

压缩期刊年度索引所占版面数量是有可能的，方法有如下几种：

（1）改用小号字排版。索引是供查检而不是像图书、文章那样供阅读的，用小号字排版对检索无碍甚至更好（提高了“一目十行”的效果）。现在小 16 开本的期刊一般每页 2（栏）×40（行）×20（字）= 约 1600 字。若改用小号字排版（如《中国索引》的 2003 年索引），可变为每页 2（栏）×58（行）×25（字）=2900 字，则前者每万字需 6.25 页，后者每万字只需 3.45 页；故前者 10 000 字的篇幅，后者却可容纳约 18 000 字，相差甚多。

（2）简化著者索引。著者索引款目只保留著者名和文章所在期号与起始页码，则可改为 3 栏（小 16 开）或 4 栏（大 16 开）排版，压缩版面 33%—50%。

（3）降低索引深度。例如，限制一篇文章的主题索引款目最多不超过 3 条，著者索引款目最多为 3 条，则还可进一步压缩版面。

（4）大 16 开本的期刊，主题索引和带题名的著者索引可考虑排 3 栏（每行 20 字），也可进一步压缩版面。

由此可见，把栏目索引改为主题索引 + 著者索引，索引条目数量虽然将增加 2—3 倍，但采取以上方法后，索引的版面可能只增加一倍多。如果不编著者索引，单用主题索引取代栏目索引，则增加版面就无几了。

或许，在不得已的情况下还可采取一种“极端”的措施：取消所有空格，把索引条目连接起来，用黑体字表示索引标目，仿宋体字表示文献题名和出处，用句号和分号来分隔条目，并适当安插助检标志。这样，可最大限度地压缩版面，检索速度会稍慢，但对检全率和检准率不会有影响。

写完于 2004 年 12 月 16 日

原载于《中国索引》2005 年第 1 期

报纸文献是一种极为丰富而未被充分开发的信息源

——关于发展报纸文献索引和数据库的思考

1 报纸文献作为信息源的重要价值

报纸文献指报纸上登载的消息、文章、广告等一切文字和图像资料，是非常重要的信息源，具有特殊的参考价值和史料价值。其特点是：

（1）报纸文献是全社会的档案

社会各个领域的新事物，一般都会在报纸上作报道，作为一种凭证，可以说，报纸文献是全社会的档案。

（2）报纸文献是第一手文献

报纸消息和某些文章，都是由记者采访、通讯社发稿或亲身经历者撰写，大多属于第一手文献，具有很强的原始文献价值。

（3）报纸文献内容异常丰富

报纸消息无所不包，加上报纸有种类繁多的专栏、副刊，内容异常丰富，对社会各行各业都有参考价值。

（4）有些内容为报纸文献所独有

有些内容，特别是消息报道或广告之类，以及短小精悍的记述性文章，为报纸文献所独有，在其他文献中是很难找到的。

（5）报纸文献的有序性

报纸往往对某一事件作连续报道，具有时序性和系统性，可方便地追溯某一事件的来龙去脉，或某一领域、某一事业的发展经过。

（6）报纸的可近性

报纸发行量极大，普及面甚广，具有可近性，又不像广播和电视那样信息转瞬即逝，可以说是公开的档案，人人都可利用。

2 索引和数据库是开发报纸文献信息源的主要手段

报纸文献特别零散，即使关于同一事件、同一领域的资料，也往往刊载在多日甚至相隔很多时间出版的报纸上，各报纸的报道既有交叉又不相同，成为有效利用报纸文献的难题。

过去，为了解决查找报纸文献的困难，一般采用编索引和剪报两种方法。剪报不可能从多种角度对报纸文献进行检索，但有可直接检出文献原件的优点。索引则可从多种角度对报纸文献进行检索，虽不能一步检得文献原件，但可用书本式出版，其成本大大低于剪报。即使是做卡片式索引，成本也比剪报低。剪报需要用两份报纸，才能剪得正反两面的有用文献，还要贴在纸上，分类装订或放在纸夹中，用柜子或架子存放，成本比做索引高。将剪报印刷发行（如人民大学的《复印报刊资料》）是一种改进，但选材范围有限，往往不能满足订户的专门需要。

过去为报纸做索引，一般只为每篇文献做一条索引款目，按分类编排，并未充分发挥索引方法的功效。从报纸文献的书本式和卡片式索引以及印刷的剪报，到编制题录式数据库和全文数据库是很大的进步。全文数据库必然含有索引，等于“索引＋剪报＋电子化”，优点更多，但目前收录多种报纸文献的全文数据库还少见。

总之，索引和数据库是开发报纸文献信息源的主要手段。

3 报纸文献的索引和数据库目前还寥若晨星

我国报纸文献索引（指书本式索引）甚少，仅有《人民日报索引》、《光明日报索引》、《解放军报索引》、《文汇报索引》、《中国青年报索引》以及《全国报刊索引》哲社版、《复印报刊资料索引》等很少的几种。报纸文献数据库也很少，只有《人民日报数据库》、《经济日报数据库》、《解放军报数据库》等几种全文数据库和报社、通讯社的一些专门数据库以及《全国报刊索引》（哲社版）的题录数据库。其他报纸未见出版发行索引或数据库的。与我国出版两千多种报纸的数量相比，真可谓寥若晨星。庞大数量的报纸文献资源，远远没有得到充分开发利用。

4 报纸文献索引和数据库理论与技术的研究薄弱

我国报纸文献索引和数据库理论与技术的研究十分不足。据文献调查，专门论述报纸索引和数据库（包括剪报资料分类）的文献约20多篇，其中包括了个别索引专著的章节。著者有宋明亮、黄恩祝、张效赤、于爱萍、侯汉清、沈焱、李雄藩、黄秀文等可数的几位。其中以宋明亮和黄恩祝的研究最为具体、深入。张效赤写了多篇报纸索引评论和国内外对比的文章。

5 报纸文献需要建立一整套特殊的著录规则和标引规则

前面提到我国报纸文献索引和数据库理论与技术的研究薄弱，其中特别是指对报纸文献的特殊性很少研究，未能根据报纸文献的特点建立一整套特殊的著录规则和标引规则。这次“全国报纸文献索引和数据库技术研讨会”的征文选题，就是针对这种需要提出来的。

报纸的新闻标题，一般都有两行或三行，主标题有时不能说明新闻报道的实际内容而不宜全录，有时正、副标题应合并，有些标题因使用简称而含义不明，有些标题经过若干年后使人不易理解，有些标题过长，等等，这都需要进行改写，所以，制订一个针对新闻资料的著录规则是很有必要的。

特别是报纸文献的标引，从便于检索，充分发挥其价值看，不可能对各种性质、各种专业领域的报纸文献，采用简单粗略的标引规则，而应针对不同的索引对象，制订具体的标引规则。如人物的标引、地区的标引、机构的标引、会议的标引、政治文献的标引、社会新闻的标引、经济文献的标引、文化事业和文化活动文献的标引、文学艺术作品的标引、体育新闻的标引、医药卫生文献的标引、科学技术文献的标引、广告的标引等，都应规定出必须标引的内容和不必标引的内容，这样才能保证索引和数据库的检索功能。

6 关于报纸文献使用标引用语之我见

索引和数据库是否能使其用户全、准、快、便、省地查找到所需文献，选用什么标引用语可以说是一个重要的环节。

我国报纸文献索引历来都是使用分类法编排，几乎找不到使用主题法编排的实例。近年来有些研究者主张采用主题法。对于内容庞杂、主题细小的报纸文献来说，使用主题法确实可更好地发挥报纸文献索引和数据库的检索功能，但分类法在报纸文献的检索中仍有其价值，不可废弃。近年来出现的报纸全文数据库，也是两者兼而有之的。

采用主题法，是采用主题检索语言（属人工语言）标引呢，还是采用自然语言标引呢？我以为采用自然语言较好。因为采用自然语言标引适应性强，标引比较容易，速度快，成本低，而且专指度高，对报纸文献的标引较为合适。

但是采用自然语言标引，还有采用自动抽词标引和人工赋词标引的不同。我以为采用自由标引法是对报纸文献数据库较好的方案。

自由标引是不依据词表的一种主题标引法，标引人员在对文献内容进行分析之后，按一定规则自拟标引用词来表达文献主题。就其实质而言，是一种在文献检索中利用自然语言的方法。自由标引的优点在于：由于不使用词表控制，标引速度要比使用词表的主题标引快许多倍，这还意味着标引成本的降低；可使用与文献主题专指度一致的词进行标引，保证较高的检准率；标引过程是通过标引人员主题分析的，如果标引人员具有一定的业务水平，则其标引质量可大大高于自动抽词标引。

由于自由标引对标引用词不加控制，所以在检索中也存在着自然语言检索法的某些缺点，这可以用后控制词表来补救。

7 数据库应是开发报纸文献的主要形式

数据库可以说是现代的索引形式。一般说来，数据库都是一个索引体系，可提供多种检索途径和多种检索方法，所以检索比较方便，检索效率大大高于书本式或卡片式索引。由于印刷技术的改革，现在的书本式索引也是由数据库产生的，在某种程度上可以说目前的书本式索引是数据库的副产品。

编制数据库比手工编制索引效率要高得多，许多工序可实现自动化，不但节省人力、缩短编制时间，提高索引质量，而且可降低编制成本。数据库更可在互联网上提供使用。

特别是，出版书本式索引目前已越来越困难，因索引的印数不可能多，如要出版，须给出版社大额补贴，否则出版社不愿出版（如《申报索引》虽有很大价值，但终因无经费补贴出版社而中止出版），即使是报社自行出版，可行性也不大（如复旦大学图书馆为《新民晚报》代编索引，由该报自行印刷发行，也终因经济上的问题，出了两期而中止）。如果编成数据库，当需要少量书本式索引时，也能以较低的成本打印出来。

由此可以说，数据库是今后开发报纸文献的主要形式。以出版书本式索引为目标的索引编制计划，已不是索引事业发展的方向。

8 有计划地系统地开发报纸文献资源

面对庞大的报纸文献资源，全国有计划地系统地进行开发，以避免各自编制那些既重复又不全而缺乏使用价值的数据库,这是一个很重要的问题。

较好的方案,是各报开发本报的数据库,或一个地区的各地方报纸联合编制一个数据库,专业报纸按专业联合编制数据库。这样做,可与本报、本地、本专业的需要紧密结合。编制数据库时应采用全国统一的或基本统一的著录规则和标引规则。

再由某些有条件的单位,利用各报、各地编制的数据库或某专业联合编制的数据库,用套录的方法进行二次开发,编制一些专题的或专业的全国性报纸文献数据库,或有选择的全国性报纸文献综合数据库。把全国两千多种报纸的文献完整地编成一个巨型数据库,这样庞大的计划估计难以实现。

当然,这样有计划地系统地开发报纸文献资源,也是要逐步实现的,规模只能是由小到大,不可能通过一个庞大的计划来实现。但如果大家都循着这个方向走,就可以充分开发报纸文献资源,避免重复浪费,提高效益。

这或许只是一种理想,在市场竞争的形势下,或许不会循着这个既能充分开发报纸文献资源又可避免重复浪费的方向走,而是先以"百花齐放"的形势发展起来,然后再在竞争中形成某种秩序。

9 开展服务是发展报纸文献索引和数据库的动力

许多信息公司、剪报公司能够立足和发展,靠的就是他们拥有一定数量的报纸文献资源和利用索引与数据库技术,有针对性地提供信息服务。从这点看,开发报纸文献数据库与开展信息服务相结合,是发展报纸文献索引和数据库的动力。这种服务,图书情报机构有条件做,报社资料室也有条件做。但当各报社编制数据库的工作未普遍开展起来的时候,不可避免地会造成人力物力的重复浪费。

参考文献

[1]宋明亮. 报纸文献机助自由标引研究及对汉语后控制词表动态维护的思考——《解放军报》模拟检索系统设计实验报告.(中国人民解放军空军政治学院硕士研究生毕业论文)1994年10月,油印本:103

[2]宋明亮. 我国报纸信息数据库开发的现状与对策. 中国图书馆学报,1995(1):60-65

[3]宋明亮,王海岚. 报纸分面分类法探索. 江苏图书馆学报,1995(2):13-17

[4]黄恩祝.《申报索引》的标题拟法和资料分类. 吉林高校图书馆,1988(4):51-53

[5]黄恩祝. 编纂《申报索引》琐谈. 情报资料工作,1987(5):53-56

[6]张效赤. 中国报纸索引沿革述略. 图书馆理论与实践,1995(4):30-34

[7]张效赤. 我国报纸索引的现状、问题与发展. 四川图书馆学报,1991(1):20-24,52

[8]张效赤. 中美报纸索引体系的比较研究. 图书馆学研究,1993(5):81-84

[9]张效赤. 小议《纽约时报索引》的编制体例. 图书馆学研究,1988(6):94-95

[10]于爱萍. 报纸索引中的作者与标题索引初探. 情报资料工作,1993(2):28

[11]侯汉清. 报纸索引//侯汉清编著. 索引法教程. 南京农业大学,1993 年 6 月:158-160

[12]沈焱. 浅谈我国报纸索引的现状及发展趋势. 情报资料工作,1994(2):18-19

[13]李雄藩. 谈谈新闻剪报资料通用分类法的拟订. 情报资料工作,1985(5):27-28

[14]李雄藩. 谈谈新闻剪报资料的分类——编写新华社《国内资料分类目录》的体会. 资料工作通讯,1981(2):30-33

[15]黄秀文,孔祥骅. 谈编纂 1922 年《申报索引》工作. 情报资料工作,1988(5):59-60

[16]刘建明.《纽约时报索引》的特色——兼谈《人民日报索引》的不足. 情报资料工作,1987(6):52-53

[17]王宇韬. 剪报资料分类法编制原则初探. 情报资料工作,1985(5):28-32

[18]蒋建华. 略谈建立统一的剪报资料分类体系. 情报资料工作,1985(5):33,32

[19]日本索引家协会. 新闻领域的文献索引法——以经济论文为例//日本索引家协会. 索引编制工作手册. 北京大学出版社,1988:199-228

写完于 1998 年 8 月 9 日

原载于《图书馆杂志》1999 年第 2 期

新闻索引的特殊性

报纸新闻是一种非常重要的信息源，具有特殊的参考价值和史料价值。报纸新闻的特殊重要性在于：(1)报纸新闻(累积的)是全社会的档案；(2)报纸新闻是第一手文献；(3)报纸新闻内容包罗万象，异常丰富；(4)有些内容为报纸新闻所独有；(5)报纸新闻是有序的；(6)报纸新闻是可近的。

索引和索引数据库是开发报纸新闻资源的重要手段。报纸新闻具有与一般文献不同的多方面特殊性。因此在索引和索引数据库的编制过程中必须采取一些特殊的措施，才能发挥其最大效用。

1 标题处理的特殊性

在编制索引和索引数据库时，有大量新闻标题不能照录而需要改写。因为：

(1)新闻标题往往太长，字数太多，超过 30 字的标题是常见的，有时甚至达 100—200 字，造成索引编制的困难和使用的不便。

(2)两行或两行以上的新闻标题，往往有一部分是不含关键词或主题信息的虚标题，而实标题又并不一定在第一行；甚至只有一行的标题有时也不含关键词或主题信息。从索引角度看，虚标题一般都是赘语。

(3)新闻标题中大量使用缩略语和不规范词语，在孤立语境中往往会产生歧义。

因此，对不适合索引要求的新闻标题进行改写，实属必要。至于改写的方法，请参看参考文献[2]。

2 出处表示的特殊性

出处的功用是表示被索引内容在文献中的确切位置。

报纸新闻的出处要能确认：(1)报纸名称；(2)日期；(3)版次；(4)被索引内容在版面上的确切位置。一般的报纸索引都只标出前三项而不标出第四项。但是，报纸的一个版面上一般都载有多条新闻，有时几条新闻又具有相同的主题，这样，要找出含有被索引内容的那条特定新闻，势必要多费时间(除非同时给出新闻标题名称)。因此，最好是把第四项也标出。参考文献[3]给出了标引第四项的一种方法，在此再给出另一种方法：

报纸的版面，一般都是分纵栏的（一个版面一般分为5个或7个纵栏）。可以用a、b、c、d、e表示5个纵栏，用a、b、c、d、e、f、g表示7个纵栏。假如有两条新闻标题从第三纵栏开始，则上面一条的编码为c1，下面一条的编码为c2。例如：

××××061216－8.c2表示：

某报，2006年12月16日第8版标题从第3栏开始的第2条新闻

另外，若同一条新闻分载于两个版面，应把接续刊载的位置也标出，用逗号隔开。例如：

××××061216－5.c2，11.a3

3 标引方法的特殊性

3.1 对新闻资料作登记性编码的必要性

新闻事件往往连续报道或断续报道，并且，同一新闻稿往往被多种报纸同时刊载。为了消除紊乱，并便于标引，对新闻资料作登记性编码是必要的，即对连续或断续报道的新闻编一总号，每篇再编一分号（顺序号）附于总号后，用小圆点隔开；对一篇新闻稿被多种报纸刊载的，编同一登记号（顺序号）。

3.2 分类与主题专题结合

我国报纸新闻索引传统使用分类法。新闻资料按分类进行标引编排可将同性质的内容集中，对了解和检索同一范围的新闻比较方便。

前不久，公布了中华人民共和国国家标准《中文新闻信息分类与代码》（GB/T 20093—2006）。这部新闻分类法不仅质量高，而且为全国新闻资料的统一分类奠定了基础。

但是，分类不可能分得很细，而新闻资料数量庞大，在一个累积性数据库中检索特定新闻资料时，甄别仍需花费很多时间。所以，最好再依主题、专题标引。这样，在一个类内，主题、专题起着细分的作用；单独用主题或专题标识进行检索时，又可有直接性的便利。

3.3 标引地区、机构名、人名

新闻资料有按地区、时间、机构和人物查找的特殊需要，故还应标引地区、机构和人物，时间概念则可由出处中的日期代替。

3.4 补充说明的必要

某些新闻资料，仅凭分类号和类名、主题或专题标识还不可能迅速了解其内容，故有必要作补充说明性质的注释。

4　索引数据库的设计

索引数据库应有下列字段:分类号和类名、主题和专题、地区、机构名、人名和题录。但由于一条新闻可能被分入不止一个类目,标引多个主题词(或关键词)、地区名、机构名或人名,这就给标引带来困难。最好是分成如下几个子数据库:

①题录字段　新闻资料登记号字段

②分类和类名字段　新闻资料登记号字段　题录字段

③主题和专题字段　新闻资料登记号字段　题录字段

④地区字段　新闻资料登记号字段　题录字段

⑤机构字段　新闻资料登记号字段　题录字段

⑥人物字段　新闻资料登记号字段　题录字段

②—⑥中的题录字段数据是在最后根据新闻资料登记号利用①自动填入的。

这样,通过检索程序,可以分别浏览,或根据实际需要,进行多子库联合组配检索。

参考文献

[1]张琪玉. 报纸文献是一种极为丰富而未被充分开发的信息源——关于发展报纸文献索引和数据库的思考//葛永庆. 报纸索引和新闻数据库: 1-8

[2]张琪玉. 关于新闻标题改写原则和方法的探讨. 中国索引,2005(2)

[3]张琪玉. 报纸文献的著录和编码探讨//葛永庆. 报纸索引和新闻数据库: 55-60

写完于2006年12月22日

原载于《中国索引》2007年第4期

关于新闻标题改写原则与方法的探讨

1 新闻标题改写的必要性

有大量新闻报道的标题必须进行改写,才能符合索引和数据库的编制要求。因为:

(1)新闻标题太长,字数太多,超过30字的标题是常见的,100—200字甚至更长的标题也是有的。标题太长,会增加索引与数据库的著录工作量,也会增加检索者的负担和影响检索速度。

(2)两行或两行以上的新闻标题,往往有一部分是虚标题(不含关键词或主题信息),甚至,有的新闻标题其主标题(用大号字印的)是虚标题,副标题和引题倒反而是实标题。

(3)单行的新闻标题(单一标题)也有虚标题的。

(4)新闻标题中大量出现的缩略语和不规范词语,在编制关键词索引或用关键词作检索标识时,会产生问题。

(5)太长的标题不适应关键词轮排索引的要求。

2 新闻标题的类型与结构

要对新闻标题进行改写,首先必须了解新闻标题的类型与结构。

新闻标题是置于各种新闻报道之前,对新闻报道内容进行概括揭示的,独立于新闻报道正文之外的语句。

由于新闻报道的需要,决定了新闻标题除了具有揭示新闻报道的事实以外,还要在新闻内容的基础上表达新闻报道作者或编辑部的观点、看法、愿望,故新闻标题往往还具有说理的成分。因此,新闻标题可分为实标题和虚标题两种:表达新闻报道的事实成分的标题称为实标题或简称实题,表达新闻报道说理成分的标题称为虚标题或简称虚题。例如:

人民日报理论版发表署名文章 (虚题)

深刻通俗评说"软着陆" (实题)

新闻标题从形式上可分为单一标题和复合标题。单一标题只有一行，复合标题则有两行或多行。单一标题多为实题，但也有极少数虚题。

复合标题可分为主要标题和辅助标题两部分。主要标题即主题，辅助标题包括副题、引题和提要题几种。

主题是复合标题中最主要的、必不可少的部分，用最大的字号突出表示主要事实和思想。主题以实题居多，但也有的主题是虚题，而副题反而是实题。例如：

做特区忠诚卫士 当精神文明标兵　　（引题，虚题）
江泽民等为好六连题词　　（主题，实题）

撒在南疆的情意　　（主题，虚题）
塔里木河南勘探公司环保工作纪实　　（副题，实题）

引题又称肩题或眉题，位于主题之上，其作用是介绍新闻背景、烘托某种气氛，揭示主题意义、引导出主题之用。例如：

农业得天独厚 工业赶超沿海　　（引题）
长江流域经济迅速崛起　　（主题）

副题位于主题之下，常用于补充交代事实、问题，说明主题的来源、结果，或者对主题进行补充、印证和注释。例如：

天津查获一批放射性进口废物　　（主题）
现已入库封存等待处理　　（副题）

在兼有引题和副题的新闻标题中，一般是引题务虚，副题务实。例如：

团结　民主　务实　奋进　　（引题，虚题）
省政协七届五次会议上午开幕　　（主题，实题）
郭荣昌主持　谢非卢瑞华等到会祝贺　　（副题，实题）

提要题也称提示题，位于主题之后，正文之前。其作用是提纲挈领地概括或摘要新闻内容中的主要事实、问题、做法、经验等，一般用于比较重要或比较长的新闻消息中，在会议、报告、谈话等消息报道中用得较多。

此外还有分题，也称插题、小标题，是在正文之间用以分别概括段意的标题，提示某一段落的内容。分题的功能类似提要题。

3　新闻标题改写的原则与方法

新闻标题改写的基本原则，就是在改写过程中保持标题的含义不失真，使标题的形式更好地满足索引和数据库的需要。

新闻标题的改写方法可概括为以下几点：

（1）把复合标题形式都改成单一标题形式（即改成一个句子）。在确实必要时，可插用逗号等。例如：

做特区忠诚卫士 当精神文明标兵
江泽民等为好六连题词 （原标题）

江泽民等为深圳特区精神文明好六连题词 （改写后标题）

（2）将长标题压缩成规定长度（如最长不多于30个汉字）。例如：

中国政府代表团团长解振华强调
《里约宣言》的原则不能动摇
让市民对“天”有数
阜新首次公布大气环境质量 （原标题）

中国政府强调《里约宣言》原则不动摇，阜新首次公布大气环境质量 （改写后标题）

（3）在对标题进行压缩时，既要删去无检索意义的字词，也要删去检索意义不大的字词，但要尽量保留有检索意义的字词。例如：

改名隐居几十年的蒋纬国异姓兄弟金定国已在安徽找到 （原标题）

蒋纬国异姓兄弟金定国在安徽找到 （改写后标题）

（4）标题中原有的缩略语或不规范的有碍理解的语词，应改为全称或正规的表达法。但在不妨碍理解的情报下，可尽量保留原来的用词。例如：

亚马逊：让中国读者快乐购书 （原标题）

网上书店亚马逊公司：让中国读者快乐购书 （改写后标题）

无线通信使铁路旅行更舒适 （原标题）

无线卫星通信系统使铁路旅行更舒适 （改写后标题）

（5）如果是为编制关键词轮排索引而改写，应考虑到关键词轮排索引的特殊需要，进行增词、删词或改词（适应轮排索引的局限和要求）。例如：

美元窄幅波动 （原标题）

美元汇率窄幅波动 （改写后标题）

市场成交清淡 （原标题）

商品期货市场成交清淡　　（改写后标题）

(6)一般来说,虚题(可能是复合标题的任何一部分)的文字,基本上可全部删去。例如:

一周内三破历史纪录　　（引题,可删）
港股市“牛气冲天”　　（主题）

没有规矩 何成方圆　　（主题,可删）
——从唐微依擅自离队说起　　（副题）

男篮甲级队昨天测体能　　（主题）
一百多人参加,十六人不及格,不及格待补测　　（副题,可删）

江主席接受《印度教徒报》书面采访　　（主题）
指出中印两国……　　（提要题,可删）

(7)单一标题若为虚题,应改写为实题,或保留原题,添加置于括号中的关键词或注释。例如:

昔日对手今相逢　　（原标题）
我志愿军英雄韩德彩与昔日被击落的美飞行员 44 年后友好相逢
（改写后标题）

参考文献

张志君,徐建华. 新闻标题的艺术. 译文出版社,1998: 335

写完于 2005 年 3 月 7 日
原载于《中国索引》2005 年第 2 期

工具书功能索引

——关于编制“工具书之工具书”的设想

工具书的显见功能和潜在功能

工具书的便于查考,是它不同于其他类型图书的最主要之点。一部工具书的功能(即用途)的多少,则与它便于查考的程度成正比(虽然功能的多少不是决定一部工具书是否便于查考的唯一因素)。因此,工具书的编者总是力求使所编的工具书具有多种功能,能够满足多种查考需要,这就使多数工具书具有不止一种功能。

工具书的功能,有些可从其题名一望而知,那是显见功能;有些则要通过查阅其目次、说明或分析其结构、正文才能知道和发现的,那是潜在功能。

例如,一部《辞海》,其显见功能是汉语词典和百科辞典。但是,他的潜在功能有好几十种。从《辞海》的目录可以看出,它有 13 种附录,每种附录至少有一种功能。有的附录就不止一种功能,“中国历史纪年表”还附有“韵目代日表”等三个附表;“中国少数民族分布简表”粗看只有从某一少数民族查其主要分布地区的功能,细看则也有从某地区查境内有哪些主要少数民族的功能;“世界货币名称一览表”不仅可查某国、某地区用哪种货币,也可从某种货币的原名及其简写查中译名,还可查某种货币的辅币及进位;“计量单位表”更是内容丰富,由 19 个表组成。其实,“辞海”正文也是多功能的,除汉语词典和百科辞典功能外,还有人名词典、地名词典、名著词典、图录、从人名的汉译查人名原文(其附录则可从人名原文查汉译)、从地名汉译查地名原文(其附录则可从地名原文查汉译)、从化合物汉文名称查其化学式、从生物汉文名称查其拉丁文名称等许多功能。此外,《辞海》附编了百科词目分类索引,使它具有分类词典的功能,附编了四角号码查字表,使它具有四角号码词典的功能,等等。

再如,一部《汉字属性字典》,看其题名可能感到陌生,经过分析可知,它具有从汉字的区位码、汉语拼音、部首、笔画、四角号码五种途径中的任何一种出发,直接或间接地查出区位码、国标码、台湾码(都是信息交换用汉字编码)、电报码、四角号码、部首、笔画数、起末笔笔形、异体字等任何一项属性的功能。

工具书的潜在功能相当多,所以,仅仅了解其显见功能(主要功能)是非常不够的。只有深入调查分析每种工具书的潜在功能,才能充分开发工具书资源。

现有的开发工具书资源的措施

为了帮助人们了解和掌握工具书,使他们在研究、学习、工作和日常生活中能更好地、更充分地利用工具书,图书情报机构、高等学校、出版部门以及有关的工作者采取了多种措施,归纳起来,主要有:

(1)出版普及工具书知识的著作,其中有些是专门介绍某种或某类重要工具书的专著。

(2)在刊物上发表同样内容的文章。

(3)在高等学校为大学生和研究生开设"文献检索与利用"课程,并编写了大批教材。这些教材都介绍工具书使用法,并或多或少地推荐一批主要工具书(检索工具书刊和其他各种类型的工具书)。

(4)图书馆和情报机构开设工具书阅览室和检索室,并在读者利用工具书时适当地予以指导。

(5)编辑出版"工具书书目",这类书目有些是单纯的目录,而有些则有或简或详的提要。

(6)其他如工具书使用法图解等。

这些措施,对普及工具书知识和揭示工具书资源起到了广泛的、重大的作用,提高了广大读者也包括图书情报工作人员掌握和利用工具书的能力。

但是,由于社会的广泛需要,导致工具书大量出版(目前仅中文工具书已积累到一万多种,品种还在迅速增长),内容更新频繁,结构和功能千变万化,特别是多数工具书具有多种潜在功能。面对着大量工具书,一个即使具有较多工具书知识的读者,甚至相当熟悉工具书的参考咨询服务人员,除了利用工具书的显见功能外,不大可能对每种工具书的其他功能记忆得一清二楚。因此,实际上很难充分利用工具书的众多潜在功能来更好、更顺利地解决所要解决的问题。

所以,有必要编制这样一种"工具书之工具书",它能把每一部工具书的全部功能,包括各种显见功能和潜在功能都分析、挖掘出来,采用主题法对每种功能予以标引,编成“工具书功能索引”,使得在利用工具书时(特别是在参考咨询工作中),不需要凭对某部工具书有哪些功能的清楚记忆和熟练的查检技巧,就能方便、有效地利用丰富的工具书资源来解决各种各样需要查考的问题。

工具书功能索引的结构原理和编制方法

工具书功能索引是一种具有多项检索功能的工具书之工具书,设想的结构包括4个组成部分:

(1)工具书登记目录,所登录的每部工具书有一个由《中图法》二级或三级类号和种次号构成的序号,款目按序号排列,这实际上是一部简明的工具书分类目录。

(2)工具书书名索引,款目按字顺排列,并给出工具书序号。

(3)工具书功能主题索引,对分析出的各种功能进行主题标引,并给出工具书序号和相应的起止页码,款目按字顺排列。

(4)工具书功能分类索引,这是一个间接索引,它将工具书功能主题索引中的标目显示在分类体系的类目下,但不给出工具书序号。

上述4个组成部分中的关键部分是工具书功能主题索引。它全面、深入地把每部工具书的各种显见功能和潜在功能分析、挖掘出来,并从主题、语种、工具书类型3个角度予以标引。这种索引款目比起工具书目录和介绍工具书的著作、教材中的工具书提要、简介等来,对工具书功能的揭示更为细致和明确,特别是索引款目是按字顺和分类排列的,所以要查找某种功能在哪几部工具书的哪些页中,十分便捷和准确。

例如,对《辞海》缩印本可编制如下的功能索引款目(假定它的工具书序号是Z3-1):

工具书功能索引编制法要点如下:(1)对工具书功能的分析应周详,但分析出的每项功能必须是实际存在的;(2)索引款目的主标目不宜太细,但副标目则应相当专指,尽量利用工具书中原来的标题(可略加修改、删简);(3)全部标引完后或积累到相当数量时,应对标目和副标目的措词进行整理,对一种功能很多工具书都有的,可删去一些质量低的款目(但不要删去过多),使之统一、协调、精练;(4)不同工具书可能有同一种功能(如几种工具书都有“中国历史纪年表”),但质量不同,可在索引款目出处项后加注“加权符号”(重要程度符号)。

工具书功能分类索引是在工具书功能主题索引的基础上编制的,两者款目完全相同(但无出处项),只是按分类体系排列而已。

工具书功能索引应定期续编。

这种工具书功能索引估计不会比工具书提要目录占更多篇幅,因为具备几十种功能的工具书是少数,多数工具书具有几种功能,但只有一种功能的工具书也是少数。

工具书功能索引的功用

上述设想的工具书功能索引具有下列功用:

(1)从分类途径查有哪些工具书(工具书登记目录部分是粗分类的)。

(2)从书名途径查某种工具书是否已被收录,及其著录事项。

(3)从功能途径查有哪些工具书,并可区分出就某一功能而言哪些工具书质量较高,应优先使用。

(4)当没有直接查找途径可利用时,还可进一步挖掘其间接查找途径,包括:a)转接查检法。即若干种不同功能的工具书配合使用。例如,只知道某种生物的英文名称,要查其拉丁文名称,假如没有一种工具书具有生物名称英文—拉丁文对照的功能,可先从英文名称查出汉文名称(利用一种工具书的英汉对照功能),再从汉文名称查出拉丁文名称(利用另一种工具书的汉拉对照功能)。b)上位查检法。例如,要查找南京长江大桥和武汉长江大桥的图形,如果没有桥梁方面的图录,可查具有综合性图录功能的工具书(如《辞海》就有这一功能),有时也可查到。c)猜测查检法。例如,要查某古籍典故出处,如果没有典故词典,猜测在某些成语词典中可能查到,就可找具有成语词典功能的工具书。

(5)可以在工具书登记目录中加注本单位收藏标志,在查检时就能知道关于某项功能本单位有哪几种工具书可供利用。若将工具书序号作为藏书排架号,则从功能索引中查出工具书序号后,就可照序号直接从书架上提取工具书,使用起来就更方便了。工具书功能索引也可编成卡片式,作为工具书阅览室藏书的检索工具。

可以看出,这种工具书功能索引,一方面,可使工具书资源得到深度开发;另一方面，可使利用工具书的困难降到最低限度。如果能把它做成工具书数据库，使用起来将会更灵活。

我这个编制工具书功能索引的设想产生于60年代初，当时在新疆曾做过一些试编工作。后来曾多次将这个设想介绍给有关同行，但未引起注意。我自己无时间和精力来完成这项有意义的编纂工作，因而写成此文，发表出来供参考。

参考文献

张琪玉.《中文社会科学工具书实用图表》序. 图书馆理论与实践，1990(4)：47

写于1991年10月17—18日

原载于《图书馆杂志》1992年第2期

《中国大百科全书》光盘版索引体系分析

1　光盘版及其索引体系概况

《中国大百科全书》是我国第一部大型现代综合性百科全书，集全国各学科、各领域、各部门的 20 672 位著名的专家、学者经过 15 个春秋，于 1993 年完成。该书卷帙宏大，内容浩繁，是涵盖人类的知识和历史，记述现代科学文化发展和成就的巨著，代表了我国工具书的最高水平。《中国大百科全书》光盘（1.1 版）则进一步完善了这部工具书的结构，更好地发挥了它的功能。

该光盘版由中国大百科全书出版社于 2000 年 10 月出版，为“九五”国家重点电子出版物出版规划项目之一，获首届国家电子出版物奖。该光盘版有 4 张光盘，共包含 66 个学科，8 万个条目，1.264 亿汉字，5 万余幅图片，定价 50 元，是非常超值的。

该光盘版的索引体系分为全书的总索引和各卷的索引两大部分。

总索引设中文标题、外文标题、盘号与卷目、备注（当该标题仅为条目正文中的重要关键词或别名时指出所在条目的标题名称）4 个字段，按条目标题的汉语拼音顺序排列，提供按字顺浏览检索和“模糊检索”（字或词的任意一致检索）两种检索途径。由于有时不止一个学科设置同一主题事物（各自从该学科角度论述该主题事物）的条目，所以在总索引中可以查出同一主题事物多个条目的盘号和卷目。如图书馆学情报学档案学卷、中国历史卷、中国文学卷都设有“章学诚”的条目。凡中国的人名、书名及其他中国特有事物的名称，在原文中以汉语拼音标注（而不是以外文标注）者，在外文标题字段不提供检索，已译成外文者除外。但用汉语拼音标注的中国地名，则仍可从该字段查出。

各卷都设有称为“目录”的下列 8 种索引：条目顺序目录、条目分类目录、条目笔画目录、条目拼音目录、条目外文目录、条目主题词目录、条目撰稿人目录、彩图目录（不包括黑白图）。其中除分类目录（分类索引）外，其他各种目录（索引）均按字顺排列，均提供浏览检索和“模糊检索”两种检索途径。各种索引均可用鼠标点击条目标题直接跳到条目正文处，也可通过“模糊检索”显示索引中相匹配的条目标题（用蓝点表示全部相关的条目）并跳到第一个相关条目的正文处。

分类目录（分类索引）可按层次逐层展开。前几个层次是类目名称，按分类体系排列;最后一个层次是条目标题,则按汉语拼音顺序排列。

条目主题词目录(主题索引)包括条目标题和条目正文中的重要关键词。检索时,若为条目标题,则指向条目正文;若为条目正文中的重要关键词,则指向正文中该关键词所在的行,并用红色右指三角形箭头表示。

条目正文中涉及其他相关条目,则用红色表示相关条目标题,用鼠标点击该标题,可跳到相关条目正文处。点击图标,可显示黑白图。点击条目撰稿人姓名,可转向条目撰稿人目录,显示该撰稿人撰写的全部条目。

每卷除上述8种索引外,还有中国大百科全书总编辑委员会名单、各该学科编辑委员会名单、前言、凡例、各该学科概观性文章、繁体字和简体字对照表、外国人名译名对照表、本卷主要编辑出版人员名单。某些卷还有适应该学科的附录,如各学科的概念和术语译名对照表、大事年表、名表等。

各张光盘均有“改变卷目”、“切换光盘”、“背景音乐”按钮。

2 评论、讨论和感想

从索引功能的角度看,《中国大百科全书》光盘版索引体系的检索功能达到了非常完善的程度,其8种索引和条目之间的链接,以及各种附录(从检索功能看,它们在某种程度上也可以认为是索引),充分地、深入地挖掘了这部大型综合性百科全书的可索引资源,从而使它所包含的巨量知识和信息可得到充分利用。

从索引易用性的角度看,该光盘版所采用的索引技术也是相当方便易用的。每个索引都可在浏览过程中用鼠标点击所选定的条目,直接显示条目正文;也可通过检索框用模糊检索方法转向索引中的相关条目,再转向条目正文。模糊检索比完全一致检索更易使用。条目之间的直接链接是一种很方便的索引方法,避免了查看相关的条目时必须再次检索的麻烦。

如果说,《中国大百科全书》这部巨著是一座知识宝库,那么,其索引体系便是开启这座知识宝库的钥匙和在这座宝库中起导航作用的罗盘。没有如此完善的索引体系,要充分利用这座知识宝库是不可能的。而光盘版索引体系的易用性,更显得索引是挖掘这座宝库的有力工具。

《中国大百科全书》光盘版的索引体系,是图书索引的一个光辉范例。

但《中国大百科全书》光盘版的索引体系也尚有一些可讨论之处:

(1)索引之间的重复,如条目顺序目录(按汉语拼音排列)与条目拼音目录只是汉字与汉语拼音字母的不同,所提供的检索功能和检索方法则没有什么差别。

(2)条目主题词索引与其他条目索引的内容似应取得一致。因为条目主题词索引与其他条目索引的差别,仅在于其内容多了一部分条目正文中的重要关键词,而这部分关键词款目充实到其他条目索引中是很有必要的,因为检索者一般并不知道他的检索对象是一个正式条目还是仅为条目中的一部分内容。这样,有一部分概念只能在条目主题词索引中检索到,而在其他索引中就检索不到。其实,一个条目就是一个标准的主题词,条目顺序索引、条目笔画索引、条目拼音索引实际上也是主题词索引。分类索引似乎也可增加那部分关键词。当然,这个问题的关键是对各种索引怎样命名更好,这是需要研究的。

(3)总括以上两点,其索引体系是否可改为:①主题拼音索引;②主题笔画索引;③分类索引;④外文索引;⑤条目撰稿人索引;⑥彩图索引(①②③的内容与原"条目主题词目录"相等)。

(4)各种英汉译名对照表很有价值,是否可作一总索引,并提供与条目正文的链接。

(5)对于浏览检索,是否可用快速定位(最好是二级定位)来代替垂直滚动条。

(6)各学科的索引深度不一致,如图书馆学的索引深度似乎比情报学的索引深度大。另外,概观性文章似乎也应包括在索引范围中。

下面谈几点感想:

(1)《中国大百科全书》光盘版的索引体系充分说明了索引对于一部内容丰富的著作是何等重要,如果没有索引,要充分利用它所蕴含的知识和信息是不可能的。

(2)《中国大百科全书》光盘版的索引体系也充分说明了索引技术现代化的重要性。不使用数据库、超链接、鼠标点击等技术,就不可能使索引做到如此易用。

(3)建立一个好的索引体系的关键在于对其功能和结构进行精心和巧妙设计,而索引体系精心巧妙设计的前提则是对索引对象的可索引资源进行深入全面的调查分析。

(4)图书索引设计的要点是:①如何充分地挖掘索引对象的可索引资源,提供更多的检索途径;②如何使索引更易于使用;③保证索引款目制作的质量。

(5)《中国大百科全书》光盘版是一种全文数据库,配备一个完善的索引体系是电子出版物的一种理想的结构。

(6)光盘版的索引不同于印刷版,可不受篇幅的限制,所以,可以比印刷版提供更多的检索途径,对著作内容可作更深入的标引。

写完于2001年6月3日

原载于《图书馆杂志》2001年第10期

索引与辞书

1 索引与辞书的紧密联系

辞书通常指字典、词典,其种类繁多;类书和百科全书从某种角度看,与辞书类似。在工具书中,辞书是最广泛的一个门类。

工具书是供人们为释疑解难的目的进行查考,而并非系统阅读的一类书籍。查检方便、快捷是其基本要求之一。

为达到查检方便、快捷的要求,工具书普遍采用各种索引以及索引法原理。在各种工具书中,尤以辞书与索引的联系最为紧密。

2 辞书中的索引因素

绝大部分辞书的正文,都采用某种检字法排序。检字法是一种索引因素,能产生检索功能。所以,在辞书的正文中,就隐含着一种索引。如果会使用这种检字法,就可以直接查到所需要的字词释义及其他信息,最为便捷。辞书正文所采用的检字法,应选择该辞书的读者对象中绝大多数人会使用的检字法。

采用这种模式,在辞书正文的天头或地脚位置最好标出该页的字词范围,使查检更为方便。

3 辞书中的附属索引

一般辞书,除正文采用某种检字法排序外,大多还附有提供其他检索途径的各种索引,大致可分为两类:

一类是检字表,使未掌握正文所用检字法的读者有可能使用别的检字法查检该辞书。如:《四角号码新词典》正文按四角号码检字法排序,附汉语拼音检字表。《新华字典》两种版本正文均按汉语拼音排序,一种版本附部首检字表,另一种版本附四角号码检字表。《辞海》1979 年版正文按部首和笔画数排序,并附部首表、部首笔画笔形索引、部首笔形索引、笔画笔形查字表、汉语拼音索引,此外还有四角号码查字表(补编的,以单行本形式出版)。

一类是辞书内容索引,如《辞海》的百科词目分类索引(补编的,以单行本形式出版)。

此外,一些辞书还有类似索引的提供辅助检索功能的查检用表,如《四角号码新词典》所附的新旧四角号码对照表、新旧字形对照表、汉字偏旁类推简化表。《辞海》所附的部首调整情况表、新旧字形对照举例、辞海部分部首名称表。

辞书所附的各种附录(便查表),实际也具有专门索引的功能。如:《辞海》和《四角号码新词典》所附的中国历史纪年表、中国少数民族分布简表、世界货币名称一览表、计量单位表、基本常数表、天文数据表、国际原子量表、外国人名译名对照表、世界各国和地区面积人口首都一览表等。

4 让索引法在辞书中发挥更大作用

索引对于扩展和挖掘辞书的功能起着重要的作用,这是十分明显的。故如何让索引法在辞书中发挥更大作用的问题,值得深入探索。例如:

①可为某些专业的英汉词典配备汉英索引,使其成为双向词典;

②可为人物词典(人名录)配备人物专业索引、籍贯索引、毕业学校索引等;

③可为地名词典配备物产(特产)、交通、名胜古迹索引等;

④可在类似《辞海》的词条索引中附加插图、动植物拉丁文学名、外国人物原名等的标志,这就相当于增加了多个专门索引。

总之,在这方面尚有许多可发展的空间。

写完于2005年1月22日

原载于《中国索引》2005年第3期

《年鉴索引编纂问题及其解决方案》一文的启示

我会王彦祥会员(北京印刷学院出版系编辑出版教研室主任,副教授)在学会第五届年会暨学术交流会上交流的《年鉴索引编纂问题及其解决方案》一文引起了与会者的浓厚兴趣(本刊本期发表了该文)。该文给我们这样一些信息和启示:

(1)作者曾从事过年鉴索引编纂的大量服务工作,“编纂索引300余部,现常年负责20余种年鉴的卷后索引编纂工作”(见他自撰的作者简介)。

(2)他曾研制“索引之星”等索引编纂软件。

(3)他编纂索引是人工与计算机处理相结合的,以人工为主,索引的质量主要取决于人工标引。

(4)为一部100万字的年鉴编纂索引大约需要一周到10天时间。

(5)编纂一部年鉴卷后索引收取的酬金为一两千元。

(6)他编纂年鉴索引有六道工序。

(7)目前全国大约出版年鉴1500种,有索引的年鉴估计不足5%。

(8)他认为,解决年鉴索引编纂问题主要是:①提高对年鉴索引重要性的认识;②可以由年鉴编辑部创造条件自己编纂,或委托索引编纂专业人员和相关机构进行编纂;③目前索引编纂知识很不普及,亟须大力普及。

这可能是索引学会会员走向社会进行索引服务的第一条消息,说明在这方面的突破,说明在市场经济条件下推进索引事业的一条可行之路。实际上,国外的书后索引编纂者大多是个体索引员(专业或业余),国外的索引学会是索引工作者的行业协会。索引要推向市场,必然要发展这种索引服务。

索引学会应鼓励会员开展索引服务活动,并对会员和业界人员进行索引业务知识的培训和考核。

索引学会可以组织编制更多、更完善的索引专用软件。在国外,这类软件已市场化。

索引学会及各地分支机构可以开展索引服务的中介工作。

这些工作,应该属于中国索引学会应办的“实事”。

写完于2003年12月11日

原载于《中国索引》2003年第4期(署名:《中国索引》编辑部)

人名录配置索引的必要性

人名录的重要价值

人名录(通常称为名人录、名人词典)是汇集各行各业或某一专业杰出人物的简传,按姓名字顺排列(少数也有按专业分类排列)的常用工具书。

人名录的重要价值在于:它所收录的是在某一方面乃至多个方面对社会作出了特殊贡献的当代典型人物的简历和事迹。人名录对他们作宣传介绍,彰扬他们的人生历程,无私奉献精神,辉煌的事业成就。他们的生动事迹,将会影响全社会,特别是教育青少年一代,使后代儿女更好地发扬和继承老一辈的优良传统;为国人树立典范,极大地提高民族自信心和自豪感;也可以向世界展示民族实力,弘扬中华文化,促进科技文化的交流与进步,增强海内外华侨华人的爱国热情。

人名录集学术性、纪念性、史料性、观赏性于一体,具有研究价值和收藏价值,也是当前编史修志的重要原始资料。

配置索引是充分挖掘人名录潜在功能的必要措施

近二十多年来,由于社会发展的需要,在尊重知识、尊重人才的方针指导下,我国编辑出版了大量名人录,其数量估计有两、三百种,在为建设社会主义精神文明服务中发挥了一定作用。

人名录属于工具书性质,记载入编人物的姓名、性别、出生年月、籍贯、民族、毕业院校、学历、职务、职称、工作单位、社会兼职、工作业绩、技术专长、科研成果、所获奖项及荣誉称号、主要著述等信息。它一般仅供查考之用,很少有读者将其从头至尾系统阅读的。

但是,在已出版的大批人名录中,绝大部分仅有一个人物条目的字顺目录(有的条目字顺目录还不符合通行的汉语拼音排列规则),少数人名录按专业简略分类编排,但又没有姓名字顺索引。这样,这些人名录的功能仅仅限于供在已知人物姓名的情况下,了解该人的详细情况,或核实该人某些特定事项之用,或被入编人自已收藏,作为社会对他的贡献表示认同的见证,仅此而已。至于人名录所蕴含的其他诸多功能,就很难充分发挥了。

所以,人名录必须配置索引,才能成为完善的工具书。配置索引是充分挖掘其潜在功能的必要措施。

人名录可配置的索引种类

可为人名录配置如下几种索引:

(1)检字表。按汉语拼音编排条目的人名录,应配置笔画检字表;按笔画编排条目的人名录,应配置汉语拼音检字表;按专业分类编排条目的人名录,应配置汉语拼音条目索引,再加一个笔画检字表则更好。

(2)人物专业索引。这是一种入编人物所属主要专业的分类索引。如果一个人物在多个专业领域作出显著贡献,应在相应领域重复索引。人物专业索引是使人名录发挥其主要功能的重要索引。通过该索引,任何人都可很容易地了解某一专业有哪些重要人物,便于掌握"圈内"情况和进行互相交流,以及对外作宣传介绍。

(3)人物籍贯索引。籍贯是人际关系的重要因素。在当前改革开放和发展各项社会事业,如招商引资、寻求支持或求取捐献等等之中,通过"同乡"关系往往很有效,一些成功人士也愿意为家乡作些贡献以报效家乡人民。通过人名录的人物籍贯索引查找本地出身的成功人士情况,无疑是最为方便、有效的。人物籍贯索引对于编史修志寻找资料,也极有帮助。

(4)人物毕业学校索引。一些学校或个人,为了取得成功校友的帮助,或加强校友之间的联谊和交流,通过人名录的人物毕业学校索引,无疑像一部精选的校友名录,可以掌握许多有用的校友信息。

(5)人名录特殊内容索引。这是除上述索引的内容外,其他有特殊价值的信息的索引,如有很特殊的贡献、获得国家级奖励和荣誉者、著名社团的领导人,等等,编入此索引,可便于查检。

当然,以上各种索引,可以择需而编,不一定齐备。

连续出版的人名录的累积索引

连续出版的人名录,如《国际名人录》,已连续出版了多年,卷帙浩繁,配备累积索引（例如每十卷编一累积索引），可大大方便查检和利用。

人名资料数据库

人名资料数据库类似累积索引，不过可收录多种人名录及其他人名资料。它是各种人名资料的总索引，对人物方面的咨询极为有用。

写完于 2005 年 7 月 18 日
原载于《中国索引》2005 年第 4 期

集成工具书：工具书条目索引数据库

工具书很多，数以万计。可以说，没有一种工具书的内容是包罗无遗的，也没有一种工具书对其每一个条目的解释全都是准确、完满的，所以，各种工具书要结合使用，互相比较。但是，那么多工具书，到底哪些种里面有相关的条目呢？这往往是很难确定的。所以，需要有一种集成工具书，即工具书条目索引数据库。把各种工具书的条目内容集合起来做成一个包罗万象的全文数据库是不可能的，不仅在编辑上有很大困难，而且还涉及著作权、版权问题不好解决。但是，把它们集成一个工具书条目索引数据库，或许是能做得到的。若按专业、按条目性质编制，可能更容易一些。当然，这也只是一种设想而已。

且列举一下这种工具书条目索引数据库的用处：

——方便一般查检和图书馆的参考咨询工作。虽然这种数据库不能直接给出有关条目的具体内容，但是根据它的指引，再去查检具体工具书就比较方便，而且若要很认真地查考时，利用它可不致漏查。

——对新工具书的编纂会有很大帮助。如果不参考和比较现有工具书，新编工具书不一定比现有工具书编得更好。

——词典、辞典型工具书条目索引数据库对术语整理特别有用。

——是分类表、词表编制工作中收集概念和术语很好的工具。

——对著书立说、编辑工作很有用，因为这些工作对概念和术语的使用要求很谨慎，需要认真地查考工具书。

——此种数据库若与数字图书馆链接，可实现工具书全文数据库的功能。

编制此种数据库，若有条件利用扫描仪对工具书的条目目次进行扫描，然后再加工成索引数据，可节省人工。

写完于2002年5月25日

原载于《图书馆理论与实践》2003年第3期

《中国图书馆图书分类法(第二版)索引》编制说明

一、索引的性质和功能

本索引是《中国图书馆图书分类法》(简称《中图法》)及其扩编本《中国图书资料分类法》(简称《资料法》)的索引。编制目的主要在于提供从字顺查检两种分类法类目的途径,其次是使分类法具有一定程度的主题检索功能。它不仅可供图书情报工作人员分类标引图书资料时使用,而且也可供广大读者在利用藏书分类目录以及标有这两种分类法分类号的文摘、索引、书目时使用。

本索引对使用《中国图书馆图书分类法(简本)》的单位来说,也是一本有参考价值的工具书。

二、索引的范围

本索引是根据《中国图书馆图书分类法》1980 年第二版和《中国图书资料分类法》1982 年第二版编制的,收录了这两种分类法中已列出的全部有检索意义的概念。包括:

(1)类名所表达的概念;

(2)类名的同义词;

(3)类目注释中出现的概念;

(4)各种复分表中出现的概念(作为方法性指示编入);

(5)收录了《中图法》编委会第三、四期简报增订的类目,另外还增补了分类法中未出现的一些概念,但数量极少。

在分类法中虽已列出,但是作为一条索引款目不够明确,在字顺序列中不可能提供查检途径的概念,如:在分类表中出现的,用“其它”、“各种 × × ×”、“一般性问题”等所标识的概念,本索引未予收录。

三、索引的结构

本索引由索引正文和 3 个索引款目首字检字表组成。具体如下:

(1)索引正文:按索引款目首字分为汉字的、拉丁字母的、斯拉夫字母的、希腊字母的、阿拉伯数字的几个部分依次排列。

汉字部分依汉语拼音顺序并兼顾汉语语词字面成族(即在字顺中相关概念自然地聚集在一起)的特点排列。即先按索引款目第一个汉字汉语拼音的音节顺序排,同音节的字,则将同一汉字集中,然后参照《新华字典》大体排比次序。第一个汉字相同时,照以上方法比第二个汉字的次序,以此类推,逐字排比次序。

(2)本索引编制了三种索引款目首字检字表。其中有:

①索引款目首字汉语拼音检字表。其排列次序与索引正文的排列次序完全一致。

②索引款目首字笔画笔顺检字表。只收通用汉字,未收其繁体和异体。先按汉字的画数多少排,画数相同时再按横(一)、竖(丨)、撇(丿)、点(丶)、折(フ)顺序排,并兼顾偏旁。排列时以《汉语拼音检字(增订本)》(上海教育出版社 1980 年 11 月新 3 版)中的汉字笔画笔顺索引作为依据。

③索引款目首字四角号码检字表。只收通用汉字,未收其繁体和异体。只标出四角号码,不标附号。排列时以《四角号码新词典》(商务印书馆 1977 年修订重排本)作为依据。为了查检方便,凡一字有新旧两种四角号码的,两种号码均编入(共 162 个字),所以查字时只要知道通用汉字的字形,不必考虑新旧四角号码的区别。

四、索引款目的形式及读法

索引款目采用下列几种形式:

(1)主标题(正装标题)。例如:

爱因斯坦引力理论	0412.1
按劳分配原则	F046

(2)主标题加副标题。副标题以破折号"—"为标志,一般用于表示主标题所指事物的某一方面问题,此外还用于表示文献类型等。例如:

白内障	
—中西医结合治疗	R776.1
白俄罗斯	
—史志	K512.941

这种索引款目形式应正读,破折号"—"在这里相当于"的"字,即:"白内障的

中西医结合治疗”,“白俄罗斯的史志”。

(3)主标题加词组倒置部分或说明语(倒装标题)。词组倒置部分或说明语以逗号“,”为标志,一般用于表示主标题所指事物的某一特称(种),此外还用于表示地区、时代等。例如:

瓣膜	
,人工	R318.11
变能器	
,静电式	TN712+4
保险事业	
,中国	F842
工人运动	
,第一次国内革命战争时期	K262.2

这种索引款目形式应倒读,逗号“,”在这里也相当于“的”字,即:“人工的瓣膜”,“静电式的变能器”,“中国的保险事业”,“第一次国内革命战争时期的工人运动”。

(4)主标题(或副标题,或倒置标题)加限定词。限定词以圆括号“( )”为标志,它可以置于主标题后,也可以置于副标题后或倒置标题后,用以表示在它前面的概念的学科、专业范围或所指事物属于何类、何地区等,起限定、说明的作用。限定词的限定范围因它所处的地位不同而有所不同。例如:

市场(政治经济学)	F014.3
报刊发行(邮政业务)	F618.3
橱柜(船舱设备)	U667.2
杀虫剂(农药工业)	TQ453+⑦
,无机	TQ453.1+⑦
,有机	TQ453.2+⑦
,低毒高效	TQ453.6+⑦
杀虫剂(森林保护)	S767+3
杀虫剂(植物保护)	S482.3
农产品	
—交换(各国)	F3②⑦5 *
—交换(中国)	F323.7
古建筑	
,中国(名胜古迹)	K928.71

，中国(考古)　　K879.1⑦*

(5)复杂标题。即采用上述两种以上形式的标题。例如：

力学

，流体,工程　　TB126

神经

，脑—疾病　　R745.1

肿瘤

—诊断,超声波　　R730.41

这三条索引款目读作："工程流体力学","脑神经疾病","肿瘤的超声波诊断"。

为了提供更多的查检途径,增加索引款目字面成族的机会(即在字顺中更多地显示概念的相关性),本索引对同一个概念,尽量采用多种款目形式,进行重复反映。

例一:类目原文:P426.62　液体降水　(降雨)

索引款目:液体降水　　P426.62

降水

，液体　　P426.62

降雨　　P426.62

雨　　P426.62

例二:类目原文:TG29　有色金属铸造

索引款目:有色金属

—铸造　　TG29

铸造

，有色金属　　TG29

例三:类目原文:P463.21　地形与小气候

索引款目:地形

—关系：与小气候　　P463.2

小气候

—关系：与地形　　P463.2

例四:类目原文:K25 半殖民地、半封建社会(1840—1949)

索引款目:半殖民地半封建社会史

，中国　　　　　　　　K25 *

半封建半殖民地社会史

，中国　　　　　　　　K25 *

在本索引中，对同性质概念的索引款目形式没有要求绝对统一，只提出了基本统一和在一小段字顺范围内相关的各条索引款目形式上能尽量达到协调的要求。例如，对于“氨的含氧氮化物”这一概念，作索引款目时既可采用“氨含氧氮化物”形式，也可采用“氨—含氧氮化物”形式，为了使这一概念在“氨”标题下集中，就采用了后一种形式；对于“奥氏体钢的材料学”这一概念，既可采用“奥氏体钢（材料学）”形式，也可采用“奥氏体钢—材料学”形式，因为这条款目与附近款目不相关，为了节省篇幅，就采用了前一种形式。这样视具体情况作灵活处理，就整个索引来看，同性质概念的索引款目形式就有点不一致了。但这并不妨碍对索引款目含义的理解，同时由于不管采用什么形式，索引款目还是排在附近，从方便查检的角度看，也不致有多大影响。当然，因疏忽而造成不一致的情况，也在所难免，有待以后改进。

五、索引中的方法性指示

本索引在各条索引款目所给出的分类号中，加进了一些方法性指示符号，具体如下：

（1）“ + ”号（上角正号）。“ + ”号前的号码是《中图法》和《资料法》共有的部分，“ + ”号后的号码是《资料法》加细的部分。例如：

氨解　　　　　　　　0621.25 +65

即“氨解”这个主题概念在《中图法》中的分类号是 O621.25，在《资料法》中的分类号是 O621.256.5。

如果《中图法》的分类号与《资料法》的分类号不一致，则分两行写，并将“ + ”号加在《资料法》分类号之前。例如：

草石蚕

—病虫害　　　　　　S436.445

　　　　　　　　　　+ S436.1

即“草石蚕的病虫害”这个主题概念在《中图法》中的分类号是 S436.445，在《资料法》中的分类号是 S436.1。

凡一条索引款目只给出一个分类号，且不带“ + ”号者，则表示《中图法》与《资料法》号码完全一致。

(2)圈码。是各种复分表及仿分类目的代码,表示依某种复分表或某组仿分类目分。各种复分表及仿分类目所用的代码如下:

①总论复分表

②世界地区表

③中国地区表

④国际时代表

⑤中国时代表

⑥中国民族表

⑦专用复分表或仿分类目

例一:百科全书

,综合性,各国　　Z2②

例二:半导体材料

,非晶态　　TN304.8⑦

例三:地方史志

,中国某省区　　K29③⑦*

这三条索引款目是:"某国综合性百科全书"的分类号为Z2,再加上世界地区表的号码;"非晶态半导体材料"的分类号为TN304.8,并可仿一般性问题类目细分,"中国某省区地方史志"的分类号为K29,再加上中国地区表的号码并可依专用复分表细分。

在圈码后一般没有号码。若有号码,则是圈码所指复分表中的具体号码。这样的索引款目是根据专用复分表中列出的概念做成的。例如:

文化史

,各国　　K②⑦03

即"某国文化史"的分类号是K加上世界地区表的号码再加上03。"03"是专用复分表中文化史的具体号码。

若圈码位置在号码的前短,则表示该号码仅是通用复分表中的号码,不是正式类目中的号码,不能单独使用。例如:

澳大利亚　　②611

安徽省　　③54

白族　　　　⑥52

分类表正文中已列出但与地区表或时代表等中重复的号码，在索引款目中则删去其重号而用圈码代替。例如：

类目原文：K93/97　　各国地理

△依世界地区表分，再依下表分。

索引款目：地理

，各国　　K9②⑦

(3)"[ ]"号(方括号)。表示交替类目。

凡《中图法》设交替类目而《资料法》不设交替类目，或《中图法》不设交替类目而《资料法》设交替类目，或两者都设但交替方向相反时，则将《资料法》的号码加"＋"号标志，并且排到后面。

例一：农业建筑　　TU26

[S26]

例二：病理组织学

，家畜、家禽　　S852.3＋1

＋[S852.166]

例三：靶机(军用飞机)　　V271.44

[TJ85⑦]

＋TJ855

＋[V271.4]

第一例说明《中图法》和《资料法》都设交替类目，而且交替方向一致；第二例说明仅《资料法》设交替类目；第三例说明两者虽都设交替类目，但交替方向相反。

(4)"＊"号(星号)。此符号加在分类号的右上角，表示"注意"，应看一看分类表中该类目的注释或下位类目。

六、查检注意事项

从字顺途径查检类目虽然比较直接，但仍具有探索的性质。查检前，应考虑一下所要查检的究竟是什么事物概念，该事物概念通常是用哪个名词表达的，它的上位概念是什么。查检时一般可从比较专指或稍为泛指的名词入手试查。如查不到，可用更泛指一些的名词查。当不得已时，则可改查有关的学科、专业名称。

查到的款目如不明显相符，可多查几处，进行比较。

尽量不要从国家、地区、时代名称以及“理论”、“历史”、“方法”、“材料”、“设备”等这些通用概念入手查，因为这些概念没有检索意义或检索意义不大，在绝大多数情况下不做主标题。

为查检方便起见，本索引中将约98%的索引款目都已直接给出分类号，而尽量少用“见”参照。但是，为避免索引款目过多的重复，以节省篇幅，又要增加查检途径和字面成族的机会，所以还是使用了大约一千条“见”参照（直接参照）和“查”参照（一般参照）。查检时遇到这些参照是不应忽视的，因为它们有时代替了许多条甚至一大批索引款目。

当查不到所需的类目时，应考虑：是不是应当查那个概念；所查的概念还有没有别的名称；是不是查完了与所查概念字面成族的整个一段；拼音是否准确；有少数类目未采用倒置形式；入手查的概念是否太细小了，等等，以便变换查检途径，再次查找。

查到索引款目后所得的分类号必须与分类表类目原文进行核对，以证明它是不是相符的，最恰切的。同时，分类号中的方法性指示符号也必须通过查复分表或仿分类目转换成具体的号码。总之，索引款目所给出的分类号，切不可直接用于标引，但用于检索则不一定要这么严格。

写于1983年1月30日—2月4日

原载于《中国图书馆图书分类法（第二版）索引》，书目文献出版社1984年12月出版

一个精心设计的索引体系

孙公望编、华中师范大学出版社1992年8月出版的《唐宋名家词检索大全》，是一部构思独特、体例新颖、编纂严谨、印制质量上乘的工具书，它是一个精心设计的索引体系。该书具有多种属性，用途广泛：

(1)它主要是一部检索工具书。作为一部检索工具书，其索引体系设计得相当完善周到，使用起来十分方便，几乎可以随心所欲地进行查检，因此，它的适用性很强。

该书有四种索引和两个附表：①词句、关键词索引(附笔画检字表)；②词牌(词调)索引；③主题索引；④作者索引；⑤作者姓名一览表；⑥词号检索表。

该书的实际功能很多。编者自己在“本书的功用和用法”中归纳为八种功能，即：①可迅速查得876首词中任何一首词的原文；②可迅速查得876首词中的任何一句；③可从词牌查得需要的词；④可从主题查得需要的词；⑤可从关键词查得需要的词；⑥可以搜集关于某一事物的唐宋名家词；⑦可以知道不同版本的词选中的字句差异和作者、词牌等差异；⑧可以知道在何种词选中有关于某首词的注释、解说、作者小传等资料，并将各家的观点进行比较。

其实，还有一些功能未列举出来。例如，可以从词句了解其作者是谁，某一词人的词在该书中被收录了哪几首，可以比较某些词语的不同用法，等等。

(2)它不仅是一部检索工具书，而且也是一部很好的“唐宋词选”，具有文学欣赏价值。

(3)这部工具书虽然没有对唐宋名词直接作诠释，但却经过仔细校勘，指出了各种词选版本中的作者差异、词牌差异、题名差异、词句差异，并且可从所注出处去追溯关于该首词的注释、解说和作者小传等，为唐宋词的学习者、研究者、词作家和语文教学工作者提供大量的参考资料线索。

该书把检索工具书、诗词欣赏书、研究参考书的功能有机地结合于一体，因此与一般词语检索工具书相比，在编制技术上有不少创新之处。它正符合现代检索工具书向多功能发展的方向。而这样的检索工具书在我国还比较少见，它是可以作为一个范例的。

检索功能多是该书的最大特点。增加检索功能必然会增加检索工具书的篇幅和成本,也会增加其编制工作的难度和工作量,但却可以增加它的使用价值和延长它的使用寿命。而正是在这一点上,无论在索引工作者中间,还是在出版工作者中间,都有不少同志把降低成本和编制难度放在第一位,而把检索功能放在第二位。在这种观点主导下,我国的检索工具书大多数只是将正文按分类排列,而不配备各种索引。甚至,有些检索工具书已编好了索引,但到出版社编辑同志手中,从降低出版成本考虑,还是被删掉了。对于各种专著的内容索引,也往往持这种态度。其结果,造成所编制、出版的检索工具书大多功能单一,查检不便,其使用价值也就比较有限。

成本当然是一个必须考虑的因素。检索工具书应力求检索功能完善而成本又尽可能低。这并非绝对做不到,关键在于索引体系的设计。如果能对索引体系进行精心设计,增加一种索引并不一定会增加很多成本,但却会成倍地增加其检索功能,《唐宋名家词检索大全》已向我们很好地证实了这一点。例如,该书的词牌索引、主题索引、作者索引这三者总共只占全书篇幅的8%。

检索工具书增加检索功能可以采取两种措施:(1)增加索引种类,这是很好理解的;(2)在某一部分增加著录项目。例如,《唐宋名家词检索大全》的词句、关键词索引部分增加了词的作者、词牌、词句差异、选本代号等著录项目,因而增加了多种检索功能;该书的词牌索引不仅能查得用某一词调写的词,而且还能了解同一词调的不同名称以及从任何一种词牌出发查得用该词调写的全部词。

《唐宋名家词检索大全》的词句、关键词索引把首句索引、逐句索引(逐句轮排)、逐词索引(全部有效词轮排)合为一体,从而既具有多种查词途径,又避免了索引款目的重复。

看来,该书的作者姓名一览表和词号检索表是多余的。前者与作者索引完全重复,后者与词句、关键词索引完全重复,设置这两个部分并未增加任何检索功能。此外,该书若再配备一个拼音检字表,在书眉标出索引款目首字,对查检会更加方便。

可见,索引设计要改革创新,精心构思。一部设计完善、编制认真的检索工具书,其价值是决非能以多种低水平的检索工具书相抵的。对于检索工具书的编制和出版,宁肯少些,但要好些,这是我的一点建议。

编制检索工具书也是一种著作活动,要用做学问的态度去编制,而不应把它看成简单的只是抄抄写写的工作。

写完于1993年7月17日

原载于《上海高校图书情报学刊》1993年第4期

古籍索引的一个范例
——介绍《古今图书集成》电子版的索引数据库

1　古籍电子版是继承、普及祖国优秀文化遗产的重要形式

我国文化遗产极为丰富,大多蕴藏于古籍中。古籍现存者种类虽很多,但复本很少。各图书馆对原版或早期版本的古籍都作为珍藏,有限制地提供使用。对于一些善本和珍本,保护尤其严格,一般读者无法看到。普及古籍的方法,过去都采用翻印和影印的方式,现在则可将其转化为电子版。相比之下,电子版制作较易,成本较低,若配以索引或提供全文检索功能,则查阅尤为便捷,能充分挖掘书中有用信息。在计算机迅速普及和信息传播趋向网络化的今天,电子版越来越显出它的优越性,成为继承、普及祖国优秀文化遗产的重要形式。

2　为古籍电子版和印刷版编制索引数据库是我国索引事业中一个有开拓前景的领域

古籍电子版是一种全文数据库,必须辅以检索手段。若采用录入方式建库,一般可利用文本关键字词匹配检索(模糊检索)方法进行查阅。但这种检索方法并不完善,检索效率不高。故最好为电子版(无论是采用录入方式制作的电子版还是采用页面图像扫描方式制作的电子版)配备索引数据库,则可大大提高检索效率,充分挖掘古籍中蕴含的信息资源。本文所介绍的《古今图书集成》电子版的索引数据库即为一例。

我国古籍将会有大量转化为电子版,需要配备索引数据库。另外,也可为古籍印刷版配备索引数据库。所以,为古籍编制索引数据库,是我国索引事业中一个有开拓前景的领域。

3　《古今图书集成》电子版索引数据库的特点和评价

该索引数据库由广西大学中文系林仲湘教授任主编,在由他主编并曾获多项奖励的原《古今图书集成索引》印刷版的基础上,根据电子版索引的功能特点,加

以进一步扩充和改进而成，共有近37万条记录，约1200万字，分为38个子库，是一个非常庞大、编制得相当精细的索引体系。

该索引数据库分为“经纬目录”和“索引目录”两大部分。

经纬目录是将《古今图书集成》原有的40卷目录改编为电子索引，以供熟悉原书检索体系的检索者使用。

经纬目录又分为经线目录和纬线目录。经线目录是一个等级分类体系，按汇编→典→部层层展开，共分为6汇编32典6117部；纬线目录分为汇考、总论、列传、艺文、选句、纪事、杂录、外编、别传等子目，相当于一个按文体分的复分表，并有一“部名”选项。

在编制经纬目录的过程中，作了大量整理、增补、校正、注释、参见、指出原文在电子版和其他两种印刷版的具体卷、册、面、块位置等的工作。

索引目录是新编的索引，分为图表、人物传记、艺文、星名、四时年节风俗、数目部和氏族总部缩略语、日月蚀陨石、天灾、石名、泉井、关隘、陵墓、职方典小汇考、职方典州县、养生、医部门项、医论、药方、药书书名、画名、庙宇、诸佛、禽虫典动物、草木典植物、禽虫草木书名、诗词典体裁、人口田亩、食品、酒茶、钱币、服饰、乐器及乐曲、城池、桥驿、仓库、故居、亭台楼阁等37类，即37个子数据库，属主题范畴分类性质。每个子数据库视具体情况设立字段，从2个到9个字段不等。

经纬目录和索引目录均提供现代术语与古代术语的对应转换功能和模糊检索功能，并且两个目录之间可沟通。

该索引数据库的使用手册有3个附录：(1)经线要目简释，包括汇编名、典名、含义及范围、部数、卷数、相关的现代学科等说明；(2)纬线项目简释，包括纬目及其性质、作用和材料来源等说明；(3)索引简释，包括库名、字段数、记录数、意义及作用等说明。

由于该索引数据库也指出了被索引内容在1934年中华书局出版的线装本和1985—1988年中华书局与巴蜀书社联合出版的精装本《古今图书集成》中的具体所在位置，并且出版社也能单独供应该索引数据库光盘(一张)，故也可与印刷版配套使用。

可以说，这个索引数据库尽可能地挖掘了《古今图书集成》所含的祖国优秀文化遗产，提供了尽可能多的检索途径，较之全文库用文本关键字词匹配检索法的命中率要高得多，检索要简捷方便得多。这个索引数据库，称得上是古籍索引的一个范例。

4 几点感想

(1)索引的电子化是必由之路。在当今商品经济形势下,出版社从成本效益计,除非有大量出版补贴,是不大愿意出版印数很少的书本式索引的。甚至已编好的专著书后索引也常常要被删掉。至于像1200万字的庞大索引,更是难于出版了。这正是近年新出版的索引著作不多的一个重要原因。

但是,电子版索引检索功能强大,而且出版成本相对较低,有其取代书本式索引的优势。在计算机日益普及的情况下,索引的电子化是必然趋势和出路。一个电子化索引的时代正在向索引工作者招手。我们应当转变观念,积极地去迎接索引普遍电子化时代的早日到来。

(2)索引工作是学术研究的前期劳动,是节约研究人员的时间、保证研究工作高效进行的措施之一。同时,索引工作本身实在也是一项学术工作。以《古今图书集成》电子版索引数据库的编制为例,运用了版本学、文字学、校勘学、训诂学、文献学、索引学、数据库技术等诸多专业知识,才能臻于完善。索引工作绝非只是抄抄写写、编排编排的简单劳动。

(3)各种学科的索引各有特点。由上面介绍的《古今图书集成》电子版的索引数据库可以看出,它的诸多检索功能正是深入分析了被索引的文献——《古今图书集成》这一特定类书的特点而设计的,所以能做到尽可能地挖掘其所含的信息资源,提供尽可能多的检索途径,达到十分完善的程度。其他学科索引的编制,也同样需要认真分析研究被索引对象的特点,从中找出有用的索引项,精心设计每个索引的结构和整个索引体系,而不应千篇一律。

(4)索引的再加工也是一项有意义的工作。例如,哈佛燕京学社引得编纂处的几十种古籍索引,就可经过再加工转化为索引数据库。

写完于2000年1月27日

原载于《图书馆杂志》2000年第5期

笔记索引和日记索引

笔记本可作听课、会议、谈话等的记录,可记载各种事情或工作计划及其进展情况,也可用于作阅读摘记和写心得,等等,用途极广。

至今,流行的笔记本多半还是装订成册的。这种笔记本只适于作顺序记录,因而内容庞杂。如果积累多了,要从中找出某一需要查考的记载,往往得花不少时间,有时甚至搞得手忙脚乱,查得头昏脑涨。

较好的解决办法,就是为它编一个索引。编制方法很简单:①为每本笔记编一个代码,例如,用“A”表示第一本,用“B”表示第二本,等等,编顺序号亦可;②为每本笔记的每一页编一个顺序的页码;③将笔记中每一项以后可能要查阅的内容概括成一个主题概念(即主题分析);④为每个主题概念制作一条索引条目(索引款目),用一个确切的词(最好是笔记作者习惯使用的词)来表达该主题概念(这个词在索引条目中称为“标目”),并用那一项内容所在的笔记本代码和起始页码作为索引“地址”(在索引条目中称为“出处”),如“×××报告 A18”、“××工作研究 A45”;⑤把全部索引条目按拼音顺序编排好,然后抄录成正式的索引(在抄录时,内容相同的条目要合并,如“××工作研究 A45,A61”),夹在相应笔记本中。

如果有许多笔记本,可以将全部笔记本的单独索引汇总,编成一个总索引(即把各本笔记的索引条目混合在一起统一编排顺序),使索引有整体性,查阅更加方便。

这种索引,假如使用计算机,利用一个只有“标目”和“出处”两个字段的简单数据库来编制,那就非常容易了。记录(即“条目”)编完后经过自动排序,打印出来就成了。以后,新增笔记本的索引条目可以追加,重新排序、重新打印即可。利用数据库编笔记索引时,若再增加一个“分类”字段(粗略分类),就可以作成两种索引:一种按字顺排序,一种按分类排序,使用起来可更加方便。

日记与笔记性质相似,故做索引的方法也基本相同。日记索引一般可做得细一点,除将“事件”作成索引条目以外,必要时还应把相关的人物、地点、场所等也作成索引条目。日记都是按日期顺序写作的,故可用日期作为出处。

参考文献

萧滋云. 浅谈日记索引. 图书馆杂志,1989(4):29

写完于2002年12月16日

原载于《图书馆理论与实践》2003年第6期

一种少年读物的内容索引

偶见孙女(小学生)的藏书中有一册《自然百科》,发现书后有一内容索引,现作一简介:

《自然百科》是《彩图 mini 百科》丛书的一种,由郑州海燕出版社于 2004 年出版,64 开本,447 页,18 万字,有彩色照片和手绘插图 1500 多幅。该书对天文、地球、气象、生物、生态环境五大部分 185 个标题(下设子标题)的共约 1500 个概念进行了阐述,几乎每个概念都有附图。书后的内容索引占 16 页,估计有 1000 余个索引条目。

少年读物的内容索引,我还是第一次见到。目前,连学术专著的内容索引都很稀缺的情况下,为少年读物配备索引,弥足珍贵。通过少年读物的索引,让人从少年时代即能初步了解索引的功用和使用方法,从而在以后的岁月里掌握更多的索引知识和养成使用索引的习惯,终身受益。索引知识的普及从青少年开始,实属必要。

该书的内容索引采取最为简单的单级标题式标目,不采用参照系统,在索引知识的启蒙阶段,是很合适的。少年读物的索引不能采用复杂的结构。

或许,下列两点尚需改进:

(1)索引概念遗漏较多。该书大约对 1500 个概念作了阐述,但是索引条目却只有 1000 余条,许多概念未被索及。例如,下列"人造卫星"标题及其 9 个子标题,仅有一半作了索引条目,特别是"人造卫星"这个主要概念未作索引条目:

人造卫星	(无索引条目)
卫星与轨道	(有索引条目)
卫星的回收	(无索引条目)
太阳峰年卫星	(有索引条目)
康普顿伽马射线观测站	(有索引条目)
气象卫星	(有索引条目)
飓风预报	(无索引条目)
军用卫星	(有索引条目)
纳米卫星	(无索引条目)
卫星与国防	(无索引条目)

再如,“岩石行星”这个概念未作索引条目,这个概念是“冥王星”标题下的子标题,不作索引条目就无从查起。

(2)出处只用起始页码表示,不完整。例如,“月球”这个概念涉及 74—81 页,可是索引条目却做成“月球 74”,不符合索引惯例。

总的说来,这个索引很好,值得提倡!

写完于 2007 年 8 月 17 日

原载于《中国索引》2008 年第 1 期

需要专业引文索引

1　需要专业引文索引的原因

加菲尔德创始引文索引以来,已有近40年的历史。美国的《科学引文索引》、《社会科学引文索引》、《艺术与人文科学引文索引》三大引文索引,一直是世界上享有盛誉的检索工具。

按照加菲尔德的最早设想,引文索引是一种适合于学者使用的功能卓越的检索工具。引文索引的学术评价功能,则是后来才发现的。现在看来,其学术评价功能尤为重要,而其文献追溯的检索功能却不如分类检索和主题检索的检索功能那样得到广泛应用。

美国三大引文索引,已成为编制引文索引的范式。那三大引文索引,包罗领域甚广,可以说都是综合性的引文索引。我国现有的两种引文索引,也都是综合性的。综合性引文索引收录期刊数量有严格限制(即使一般可以算作是核心期刊的,也不一定都能被收录,它一般只收录全部期刊的十分之一左右),其主要的一个原因是引文数据的处理量极大。

综合性的引文索引,从学术评价的角度看,固然有对整个学术界进行宏观评价的优点,是必不可少的,但对某一学科、专业领域而言,它作为评价依据则有不充分、不全面、真实性较差而不很公平的缺点。所以,还需要编制专业引文索引,甚至可编制以某一机构或个人为范围的引文索引。专业引文索引由于专业的领域小了许多,即使大大放宽收录范围,引文数据的处理也不致有大的困难。

2　专业引文索引数据库与专业文献题录数据库的一体化

引文索引数据库与文献题录数据库两者的功能是不可互相替代的,然而两者的数据却有大量是重复的,所以,专业引文索引数据库与专业题录数据库可以实行一体化,使数据库的功能更全面,检索更方便,但建库工作量比分别建库大大减少。专业引文索引与文献题录一体化数据库的特点在于:(1)它作为题录,其收录范围不像引文索引那样只限于所选定的少数期刊,故被收录的文献量要多好几倍;(2)

它作为引文索引,不同于一般引文索引,而是对没有引用和被引用的文献也一并收入。

事实上,当引文索引作成数据库形式时,它也就具备了文献题录数据库的所有各种检索功能,而且比一般文献题录数据库具有更多的检索功能,如按刊名及卷期、机构名、地区、基金项目、年代、出版社和杂志社等进行检索的功能。这是因为,引文索引数据库为发挥其多种文献计量和学术评价功能,比一般题录数据库多设置了一些相应字段和增加了一些检索、统计功能,那些多设置的字段和检索功能,也可作为题录数据库的检索功能。

由此可见,专业引文索引数据库与专业文献题录数据库的一体化,可借用引文索引的软件(如南京大学《社会科学引文索引》的软件),在工作量上也不会特别大,是可行的。

3 盼望有一种图书馆学情报学档案学引文索引数据库

我们图书馆学情报学档案学界是一个相互关系十分密切的学术群体,有众多的研究者,有大量的文献,需要有一种全面的具有文献检索和引文索引功能的数据库。图书馆情报档案工作者中有很多是编制检索工具和数据库的专业人员,编制上述一体化的数据库既有需要,又有充分条件和能力,希望有一种图书馆学情报学档案学文献题录和引文索引一体化的数据库编制出来供大家使用,以促进本学科、专业的发展。

写完于2001年12月22日

原载于《图书馆理论与实践》2003年第1期

学术年表式索引数据库的设想

1 辨章学术、考镜源流理论的新应用——编制学术年表式索引数据库

辨章学术、考镜源流是中国传统目录学理论的精华。自从图书情报工作走向现代化以来，这一理论似乎已没有现实价值，目录学文献中已越来越少讨论它了。既然是优秀的传统，就可以古为今用，在新时代的目录索引工作实践中寻找它的新应用。

辨章学术、考镜源流理论的基本点，是要求目录索引能按学术内容和学术源流把文献有条不紊地组织起来，以适应学术研究和学习的需要。其中，特别应显示学术发展史的脉络。

受这一理论的启发，我认为，可以编制一种学术年表式索引数据库。这种数据库的特点，是在题录数据库的基础上，仿照年表的体例，增加该文献在学术发展史上的贡献的说明。

2 学术年表式索引数据库的功用

学术年表式索引数据库除具有一般题录数据库的检索功能外，可按时序揭示某一学科、专业、专题、主题领域的文献及其在该领域学术发展史上的贡献。这对于了解某一领域学术上的开创与继承关系及当前的学术前沿、检索重要的学术著作、评价学者的学术贡献等，总之，对于学术研究和学习，都是一种便捷的工具，它可以免去不少文献查找、筛选和整理的前期劳动，其功效是分类、主题等检索途径所不能直接达到的。

3 学术年表式索引数据库的结构、编制法和使用法

学术年表式索引数据库的结构，除一般题录数据库应有的字段（文献题名、著者、出处和出版项、分类号、主题词等）外，还应增加时间、学术事件说明两个字段。

其中,分类法和词表应与数据库的学术年表功能要求相适应,采取学科分类与主题列举结合的形式,类目名称与主题词字面应取得一致,粗细适中,标引时,一文献若涉及几个类目或主题词的,则作为多篇文献进行重复著录。在学术进展过程中无创新作用的文献一般不予著录。时间字段指学术事件发生的时间或文献正式发表的时间。学术事件说明字段应仿照年表的叙述方式进行著录,内容包括学者姓名、事件内容并可对事件作简要的评论(因此,该字段要有足够的长度)。分类号、主题词、学术事件说明 3 个字段的著录质量是决定学术年表式索引数据库质量的决定因素。

该数据库提供学科分类、学术主题、学者姓名检索途径,检索结果按时间顺序输出。学科分类的检索范围大小可随需要而定;主题词字段提供任意匹配后再选定检索用词的功能;学术事件说明字段可提供模糊检索。

写完于 2001 年 11 月 17 日

原载于《图书馆理论与实践》2002 年第 4 期

群书章节索引

四十年前的一部群书章节索引

北京图书馆李钟履先生编的一部《图书馆学中文书籍内容主题索引》于1961年由四川省中心图书馆委员会出版。这是一部群书章节索引。这种类型的索引，至今还仅见这一部。这部索引编得很精细，值得介绍。

该索引收录1950—1960年的中文图书馆学书籍221种，整个篇幅为32开本595页。其结构包括前言、编例、主题表、收书编号表、收书分类简表、主题索引正文、附录一（照片、图表、格式索引）、附录二（书中引用书目索引）。

其主题表（标题表）有主题705个（含“见”参照），按笔画笔形排列。

收书编号表分我国著作、苏联著作、其他国家著作三部分，每部分按出版年的反纪年排列。

收书分类简表有60个类目，分二级。

正文中每个主题下列出索引条目，也按反纪年排列。索引条目由章节名称、书的出版年和书的编号三项组成。

这部索引的结构设计是相当完善的，故使用方便，足见编者的用心良苦。

群书章节索引数据库的需要

书籍虽在内容的新颖性上一般不及期刊论文，但其系统性和全面性则优于期刊论文，何况，有许多书籍也是一次文献。目前，书籍在图书馆藏书中仍占着重要地位，在教学中，书籍起着极重要的作用。充分发掘书籍收藏的潜在价值，是图书馆工作者应予注意的。群书章节索引是发掘书籍收藏潜在价值的一种很好的工具。

当前，这种索引应作成数据库，其主体可采用章节名轮排索引的形式。章节名轮排索引的编制较主题索引容易，一般也能满足需要。数据库以按学科分别编制，较实用并较易收效。如果采用统一的格式，已编成的若干学科专业的章节索引，在必要时也可予以合并。

写完于2001年7月28日

原载于《图书馆理论与实践》2002年第4期

虚拟文集与虚拟文集内容索引

虚拟文集与虚拟文集内容索引可能成为为研究项目服务的一种形式

为研究项目进行个性化服务，是参考咨询服务的高级形式。

每个研究项目在正式进行之前，为了了解前人是否进行过相关研究，都要进行文献普查和收集有参考价值的资料，以避免重复研究和继承前人的研究成果。这是研究项目的前期劳动。这种前期劳动既可由研究人员本人去做，也可委托图书情报资料人员去做，这就是图书情报资料机构的定题服务。图书情报资料人员不但在课题进行之前可以代为进行文献普查和收集参考资料，而且在课题进行过程中还可进行“跟踪服务”。

图书情报资料人员的这种个性化服务，一般是以提供作为普查结果的文献索引和参考资料复印件作为服务形式的。在当前计算机检索和网络检索已经比较普及的情况下，可以向课题组提供带有内容索引的“虚拟文集”来实现。

虚拟文集的编制

所谓“虚拟文集”，是指在正式出版物和内部出版物中并不存在的，只是类似于文集的参考文献的专题汇编。

虚拟文集可以有三种形式：(1)纯数字型虚拟文集；(2)纯复印型虚拟文集；(3)部分数字型、部分复印型虚拟文集。

虚拟文集的编制过程：(1)分析研究课题涉及的文献范围；(2)文献普查（检索、查寻）；(3)查获文献的甄别、复制；(4)编辑整理；(5)编制文献目录（如果文献较多，可粗分类，并可附加一著者目录）。

虚拟文集内容索引的编制

为虚拟文集编制内容索引，是为了方便、快速、全面查找文集中的特定内容（所谓"知识单元")。

虚拟文集内容索引的索引深度，以介于全文关键词遍历索引和论文主题索引之间为宜，大致与图书索引(书后索引)相当，并可采用书后索引的方法与规则。

虚拟文集内容索引出处项的表示法：①对于数字型文献：以篇为单位编顺序号；同一篇内，以文段为单位编顺序号；②对于复印型文献，以篇为单位编顺序号；同一篇内，以页为单位编顺序号。或者，整个复印文献编统一的顺序号。

写完于2005年10月15日
原载于《中国索引》2006年第1期

《中国索引综录》的功用

《中国索引综录》，卢正言主编，上海辞书出版社2000年7月出版。这是一部索引著作的目录，收录20世纪汉文社会科学文献的索引3192种，编纂刊印地包括中国大陆、台湾、香港、澳门以及日本等国（外国索引仅限汉籍索引）。索引著作形式除独立出版的索引外，还包括书籍、报刊所附刊的索引。收录标准注重学术性、资料性和实用性。篇幅过于短小、史料价值不高的索引基本不收或择要选收，编辑不精、校勘不良、印刷粗陋的索引一律不收。此外，也不收录文献目录索引数据库。综录的正文按分类编排，附书名（篇名）索引和责任者索引，并有潘树广先生的长篇序言《二十世纪的索引编纂与研究》。

《中国索引综录》按其主要功用是一部索引的目录，其中所收录的索引，对社会科学各学科领域学术史研究有较大的参考价值。各种原始文献（特别是报刊），在全国各大图书馆中还有比较完整的收藏，但需要从不同专题、主题角度对那些原始文献作有针对性的索引挖掘，才能为人所知，得到较好利用。索引虽会过时，但由于目前各学科、专题、主题的索引缺门太多，综录中所收录的早些时期的索引，现在尚有使用价值。只是这些索引，现在已少有单位收藏，已很难寻觅，甚至在索引的原编制单位，也不一定有收藏了。可惜该综录没有著录索引的收藏地址，使这一功用大大减弱。

《中国索引综录》的第二种功用，是作为索引史料。虽然综录收录的索引数量不能说很大，但由于它在编制时经过了较严格的选择，所以还是可以反映二十世纪中国索引著作的全貌。该综录作为索引史料，虽不是十分系统，但却是十分真实。另外，潘树广先生的长篇序言，则对中国20世纪的索引史，作了全面、系统、深刻的阐述。

《中国索引综录》的第三种功用，是对今日索引工作的参考作用。综录所收录的3192种索引，学科领域广泛，题材丰富多彩，类型五彩缤纷，许多索引，今日看来，仍觉编制者别出心裁。在索引选题方面，综录给我们带来许多启迪，使我们觉得，万事万物，皆可索引，索引事业领域，大有工作可做。

写完于2001年7月7日

原载于《图书馆理论与实践》2002年第4期

《中国索引》发刊词

本刊是中国索引学会主办的专业刊物。

现代的索引就是数据库。因此，本刊不囿于传统索引，而且更着重于文献数据库。

本刊以促进我国索引学和文献数据库技术的研究，推动索引和文献数据库事业的发展，普及索引和文献数据库知识，进行索引学和文献数据库技术领域的国际交流为宗旨。

本刊的读者对象为索引和文献数据库的研究、编制和教学工作者以及索引和文献数据库的使用者。

本刊将围绕文献、信息和知识的检索这个核心，全方位地刊登各种相关的文章和资料，包括：①文献、信息和知识检索的理论研究，如索引学、文献数据库技术以及其他相关领域的著述和研讨文章；②各种类型索引、目录、文摘以及文献数据库编制方法和技术的研究文章；③各种较有使用价值的索引、目录、文摘检索工具和文献数据库以及网络信息检索工具（即各种检索工具和检索系统实体）的评介与使用方法的文章和资料；④各种检索对象（文献和网络信息资源）的评介和检索方法的文章和资料；⑤高等学校"文献检索与利用"课程教学的文章和资料；⑥索引语言（情报检索语言）、自然语言在检索中的应用的研究文章以及分类表、词表（实体）的评介性文章和资料；⑦文献和信息的自动标引和自动分类；⑧国内外索引和文献数据库学术与事业的动态报道；⑨普及索引学和文献数据库技术以及其他相关知识的文章和讲座；⑩其他，如索引历史研究和人物介绍等；⑪索引学及相关学科领域文献的题录、索引。

本刊对传统索引与检索工具、文献数据库与计算机检索系统、网络信息检索工具（俗称搜索引擎）的有关文章和资料均所欢迎，尤重理论联系实践、具有现实意义的文章。

欢迎业界同仁踊跃赐稿、提出建议和改进意见，让我们共同把这个刊物办好。

写于2002年10月23日

原载于《中国索引》2003年第1期

《中国索引》栏目

索引与数据库论坛
各类型索引与数据库研究
网络信息检索工具研究
索引语言(情报检索语言)研究
自动标引与自动分类研究
高校"文献检索与利用"课研究
索引与数据库介绍
因特网信息资源介绍
我们生活中的索引与数据库
索引与数据库一分钟遐想(寻找索引与数据库的新应用)(有奖征文)
索引与数据库漫笔
索引与数据库知识之窗
索引史话与史料
索引与数据库新闻
中国索引学会之页
国外索引与文献数据库事业
索引与数据库术语
数据库系列讲座
正在编制中的索引与数据库
索引与文献数据库及相关领域论著题录

拟于2002年12月18日
原载于《中国索引》2003年第1期(在《稿约》中)

内容索引

T

W

X

Y

Z

本社已出版相关书目

书名	编著者	出版时间	定价
文献计量内容分析法	邱均平、王曰芬等著	2008－10	75．00
信息资源检索教程	马文峰著	2009－03	36．00
信息分类与主题标引	马张华、侯汉清著	2009－07	36．00
中国博士学位论文提要 2006	国家图书馆编	2009－03	1080．00
中国图书馆分类法（第四版）	中图法编委会编	2008－03	160．00
《中国分类主题词表》（第二版）（全六册）	中图法编委会编	2005－09	1200．00
新版中国机读目录格式使用手册（重印）	国家图书馆编	2006－08	90．00
人文社会科学信息检索	马文峰主编	2007－01	28．00
网络时代的信息组织——第四次全国情报检索语言发展方向研讨会论文集	戴维民、汪东坡、赵建华主编	2006－02	46．00
北京地区图书馆大事记（1949—2006）	倪晓健主编	2007－05	25．00
中国博士学位论文提要 2005	国家图书馆编	2007－12	960．00
传薪集——贺吴慰慈教授七十华诞文集	沈乃文主编	2007－12	98．00